国家自然科学基金面上项目（31771949）资助
河南省高校科技创新团队支持计划（21IRTSTHN024）资助
2021年河南省留学人员科研择优资助项目

酸土脂环酸芽孢杆菌嗜酸耐热关键蛋白筛选及互作网络分析

焦凌霞 著

中国农业出版社
农村设物出版社
北 京

内容简介

利用Label-free技术筛选酸土脂环酸芽孢杆菌在热、酸胁迫下的差异表达蛋白和磷酸化修饰差异蛋白，并进行生物信息学分析，研究差异蛋白的分子功能及其参与的代谢途径，进而利用qRT-PCR从富集大量差异蛋白的主要通路中筛选响应热胁迫的关键蛋白；通过STITCH数据库预测耐热关键蛋白互作网络，并构建酵母双杂交文库进一步筛选嗜酸耐热关键调控蛋白的互作蛋白。研究结果揭示了关键蛋白在酸土脂环酸芽孢杆菌应答热胁迫过程中的分子功能及其与互作蛋白的关系和作用模式，阐明关键蛋白调控酸土脂环酸芽孢杆菌应答热胁迫的分子机制，对酸土脂环酸芽孢杆菌的危害控制具有重要意义。

前言

酸土脂环酸芽孢杆菌（*Alicyclobacillus acidoterrestris*）具有嗜酸、耐热、产芽孢、强抗逆性等生理生化特征，主要存在于土壤及水果加工产品中，能经受传统的巴氏灭菌过程而存活，导致巴氏灭菌果汁腐败变质、出现沉淀且产生难闻气味，丧失商品价值，给果汁加工业造成了巨大的经济损失，如何有效控制酸土脂环酸芽孢杆菌污染已成为食品研究领域和果汁产业普遍关注的问题。国际出口贸易中严格要求每10mL浓缩果汁中该菌的含量不超过1个。但是，酸土脂环酸芽孢杆菌可存活于特殊的酸热环境，具有很强的逆境适应能力，其所含的耐酸热稳酶在食品工业中应用潜力巨大。因此，酸土脂环酸芽孢杆菌的危害控制和有效利用研究在食品工业领域具有十分重要的意义。

解析该菌响应酸热胁迫的分子调控机制是其危害控制和有效利用的关键。但是，目前对酸土脂环酸芽孢杆菌的基础研究比较薄弱，尤其是嗜酸耐热的胁迫响应分子调控机制成为该菌危害控制和有效利用方面亟待解决的关键科学问题。因此，从整体水平上对该菌在酸热胁迫条件下的蛋白质表达图谱进行研究，筛选响应酸热胁迫的关键蛋白，研究关键蛋白对该菌嗜酸耐热特性的调控作用及其与互作蛋白在应激过程中的相互关系和互作模式，阐明整个应激过程发生发展的系统规律，进而解析其分子调控机理，将为酸土脂环酸芽孢杆菌危害控制措施研究及抗酸热特种工业菌研制等提供理论和实验依据。

本著作利用蛋白组学技术和蛋白互作网络相结合的研究手段筛选酸土脂环酸芽孢杆菌热、酸应激反应相关的关键蛋白，研究该菌热、酸胁迫反应中的关键蛋白互作网络，预测关键蛋白与其互作蛋白的作用模式和调控通路，全面揭示了酸土脂环酸芽孢杆菌嗜酸耐热生理适应机制，为该菌相关特性的深入研究和利用等提供了理论依据。研究结果不仅有助于揭示微生物嗜酸耐热的分子机制，同时也为微生物抗逆特性研究和发酵工业中的菌种改良等提供实验依据，其具有重要的理论意义和实际应用价值。

本书的出版得到国家自然科学基金面上项目（31771949）和河南省高校科技创新团队支持计划（21IRTSTHN024）以及2021年河南省留学人员科研择优项目的资助，在此表示衷心的感谢！由于编者的专业水平有限，书中疏漏之处，恳请各位专家学者批评指正！

焦凌霞

2022年3月

目录

1 绪 论

1.1 酸土脂环酸芽孢杆菌

1.1.1 脂环酸芽孢杆菌的发现与命名

日本学者 Uchino F 和 Doi S 于 1967 年首次分离得到 *Bacillus coagulans*[1]，1971 年 Darland G 和 Brock T D 在美国分离到类似菌株，其细胞膜含有 ω-环己烷脂肪酸这一特殊结构，将其命名为 *Bacillus acidocaldarius*[2]。1992 年，Wisotzkey J D 等比对了 *Bacillus acidocaldarius*、*Bacillus acidoterrestris*、*Bacillus cycloheptanicus* 三株菌的 16S rRNA/DNA 序列，发现这三株菌的二级结构相似性极高，并且与传统芽孢杆菌差别很大，因此将此三株菌单独划分出来，建立了脂环酸芽孢杆菌属（*Alicyclobacillus*）[3]。随后越来越多的学者分离得到该属其他菌种，目前已发现该属菌种 20 余种。

1.1.2 脂环酸芽孢杆菌的耐热性

嗜热菌通常指有能力在 55℃以上环境中生长繁殖的细菌[4]，脂环酸芽孢杆菌是典型的嗜热菌，最高生长温度可达到 60℃。影响其耐热性的因素主要包括菌株、温度、pH、可溶性固形物、培养基成分以及阳离子化合物[5]。

表 1-1 影响脂环酸芽孢杆菌耐热性的主要因素

影响因素	与 D 值的关系	举例
菌株[6]	取决于菌株类型	$D_{95℃}$ = 2.5min（菌株 46）；$D_{95℃}$ = 8.7min（菌株 70）；$D_{95℃}$ = 3.8min（菌株 145）；$D_{95℃}$ = 2.7min（菌株 DSM 2498）

（续）

影响因素	与D值的关系	举例
温度[7]	负相关	$D_{82℃}$＝17.36min，$D_{86℃}$＝18.06min，$D_{92℃}$＝7.6min，$D_{95℃}$＝6.2min
可溶性固形物[8]	正相关	$D_{91℃}$→0（5°Brix）；$D_{91℃}$≈20min（60°Brix）
培养基[9]	取决于培养基成分	$D_{95℃}$＝27.8±1.70min（苹果汁）；$D_{95℃}$＝20.8±1.27min（橙汁）；$D_{95℃}$＝11.1±2.26min（MEB）
阳离子化合物[10]	负相关或无显著性关系	$D_{89℃}$＝13min（$CaCl_2$）；$D_{89℃}$＝10min（其他）

根据目前的研究结果，酸土脂环酸芽孢杆菌的耐热性可能与以下三个方面有关：①细胞膜化学组成：脂环酸芽孢杆菌属中有 ω-脂肪酸和藿烷类化合物，这一特殊结构紧紧包裹于细菌细胞膜上，为细胞提供保护，使其能够在高温等不良环境下生长，但该属细菌中也有部分菌株只有直链或支链饱和脂肪酸，并无环状脂肪酸的存在[11]，推测细胞膜中的 ω-脂肪酸只是该属细菌耐热的影响因素之一，并非主导因素，该结论仍需进一步验证。②基因等遗传物质的热稳定性：嗜热菌 DNA 双螺旋结构中的氢键数量与 G—C 碱基对含量较嗜温菌含量高。③大分子的稳定性：目前从脂环酸芽孢杆菌中分离出的多种酶类，如酸性 α-淀粉酶[12]、β-1，4-葡聚糖酶[13]等均具有热稳定性。

1.1.3 酸土脂环酸芽孢杆菌的生理生化特性

酸土脂环酸芽孢杆菌是好氧性的革兰氏阳性菌，有独特的嗜酸耐热特性，无致病性。菌体为（2～6.3）μm×（0.35～1.1）μm 的短杆状，生长 pH 范围为 3.0～6.0，最适 pH 3.5～4.5，温度范围为 25～60℃，最适温度 40～53℃[14,15]。在生长环境不利时，可形成（1.5～1.8）μm×（0.9～1.0）μm 的椭圆形芽孢。该菌株在 45℃条件下，于固体培养基培养 24～48h 会形成边缘较整齐、半透明或不透明的乳白色圆形菌落[16]。酸土脂环酸芽孢杆菌有很强的耐热性，在苹果汁中的 D 值范围为 $D_{90℃}$＝14.1min，$D_{100℃}$＝0.7min[17,18]。

1.1.4 酸土脂环酸芽孢杆菌的危害

1982年德国的大规模果汁污染事件使人们认识到引起果汁腐败的主要微生物为酸土脂环酸芽孢杆菌，随后相继在各种水果加工制品，比如果汁饮料、水果罐头、冰红茶中发现该菌的存在。由于酸土脂环酸芽孢杆菌有很强的抗逆性，其芽孢有更强的耐热特性，传统的巴氏杀菌法（90～95℃，30s）无法将其彻底杀灭，只要环境适宜便可萌发，并且在生长过程中产生的代谢产物，如愈创木酚、2，6-二溴苯酚和2，6-二氯苯酚等，会带来"药味""消毒水味""防腐剂味"等不良风味[19]。在橙汁和非碳酸饮料中，愈创木酚的感官阈值为2μg/L，在苹果汁中为2.32μg/L。当菌体浓度达到10^5～10^6cfu/mL时，便会产生2μg/L的愈创木酚[20]，产生白色沉淀，导致果汁的腐败变质。

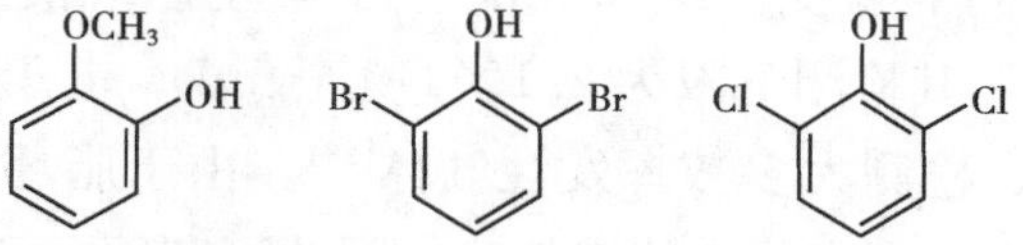

OCH_3 OH Br OH Br Cl OH Cl

(a) (b) (c)

图1-1 酸土脂环酸芽孢杆菌主要的代谢产物

(a) 愈创木酚 (b) 2，6-二溴苯酚 (c) 2，6-二氯苯酚

由于酸土脂环酸芽孢杆菌不产气，腐败变质的产品无明显的胀包或酸败，该菌污染果汁产品在初期不易被发现，直到产品投放市场后才被消费者发现。2005年，欧洲果汁协会对68个果汁生产厂家进行了调查，结果显示，2002—2005年期间，45%的厂家由于该菌引起的果汁腐败而承受了巨大的经济损失[21]。目前，浓缩果汁中对酸土脂环酸芽孢杆菌要求不得检出。

1.1.5 酸土脂环酸芽孢杆菌的检测

检测酸土脂环酸芽孢杆菌的方法包括常规检测法、快速检测法和代谢产物检测法。常规检测法以国际果汁生产商联合会的平板计数法为标准，根据形态学、生长条件及生理生化实验[22]，同时结合革兰氏染色法、芽孢染色法对可疑菌株进行鉴定，此类方法虽应用广泛，但程序繁琐、工作量大、耗时耗力。快速检测法包括光谱学分析法、PCR 检测法、酶联免疫法和电子鼻检测法。代谢产物检测法包括分光光度计法、色谱法等。

傅立叶红外光谱检测法是根据细菌的主要结构和组成成分，在近红外光谱中得到稳定的特征信号，能够鉴别细胞种类和状态，以达到快速检测的目的[23]。Lin[24]等通过采集 8 株脂环酸芽孢杆菌的红外光谱，构建特殊指纹图谱，实现了对脂环酸芽孢杆菌的鉴定。PCR 检测法灵敏度高、检测时间短、特异性强，曾一度受到研究者的普遍欢迎，设计了多种可用于 PCR 检测的脂环酸芽孢杆菌特异性引物序列[19]。Groenewald[25]从果园土壤分离得到 5 株细菌，并利用 PCR 技术进行测序比对，确定其为脂环酸芽孢杆菌属。酶联免疫法（ELISA）是根据抗原抗体的特异性结合免疫反应实现对待测物的鉴定[26]。由于该法的高灵敏度、高精确度与低成本，常用于大批量样品的检测。Mast[27]建立了酸土脂环酸芽孢杆菌芽孢的 ELISA 检测方法，其检测下限为 2.1×10^3 个/mL。电子鼻通过各气敏传感器，能够分析、检测大多数挥发性气体[28]，由于脂环酸芽孢杆菌属在生长过程中产生的代谢产物有特殊气味，因此可利用电子鼻通过检测其代谢产物而检测脂环酸芽孢杆菌。Gobbi[29]发现利用电子鼻最低可以检测 10^2 cfu/mL 的脂环酸芽孢杆菌。

酸土脂环酸芽孢杆菌代谢产生的愈创木酚与过氧化物酶结合后可形成红褐色物质，根据此颜色变化，可通过检测愈创木酚含量来检测酸土脂环酸芽孢杆菌[30]，但此法检测限偏高，需将该菌芽孢培养 24h 以上才能准确测到其产量值，仅适用于愈创木酚含量较高的样品。安代志[31]等建立了 HS-SPME-GC-MS 分析果汁中脂环酸芽孢杆菌产生的主要代谢产物的方法，在萃取温度 55℃，萃取时间 35min，解吸时间 7min 的条件下，愈创木酚在 0.49×10^3～2.0×10^3 μg/L 范围内线性关系良好，可用于检测脂环酸芽孢杆菌代谢产物。

1.1.6 酸土脂环酸芽孢杆菌的控制

由于酸土脂环酸芽孢杆菌独特的嗜酸耐热特性，常规巴氏杀菌无法将其全部杀灭，导致各种水果加工制品的腐败变质，因此，如何快速有效地控制酸土脂环酸芽孢杆菌已成为食品加工业亟待解决的问题。常用于控制该菌的方法包括物理法和化学法。

目前用于酸土脂环酸芽孢杆菌的物理杀菌技术包括热处理、高压处理、超声波处理及紫外杀菌处理等。热处理是工业加工中最常见的控制方法，但是高温处理会使果汁的营养成分损失，口感品质下降[32]。高压灭菌技术无需加热，能够最大限度地保留果汁中的营养成分，但该方法仅能杀灭酸土脂环酸芽孢杆菌营养菌体，对该菌芽孢的杀灭效果较差[33]。超声波杀菌是一种非热杀菌法，通过超声波作用，可以破坏微生物细胞壁，减少能耗，适用于果汁灭菌。但超声波杀菌技术需要与热处理协同作用才可控制酸土脂环酸芽孢杆菌的生长[34,35]。紫外杀菌处理属于冷杀菌，应用于果汁杀菌有利于保存果汁中的营养成分，与其他物理方法相比，杀菌效果较好，可最大限度地杀灭酸土脂环酸芽孢杆菌菌体及芽孢，但所需光谱范围为100～400nm[36]，对设备要求较高，很多中小型企业不易实施。

利用杀菌剂直接作用于微生物而将其杀死的方法称为化学法，杀菌剂可分为化学制品和天然化合物。常用的化学制品包括苯甲酸、苯甲酸盐、臭氧、亚氯酸、中性电解水和乳酸链球菌素等。天然化合物包括迷迭香、石榴、葡萄籽和胡椒提取物等。苯甲酸及苯甲酸盐是常用的防腐剂，但利用苯甲酸控制酸土脂环酸芽孢杆菌所需的时间较长。Kawase[37]利用超临界处理后的苯甲酸颗粒处理酸土脂环酸芽孢杆菌，28d后才有显著效果。臭氧可以穿入细菌内部，改变其通透性，但臭氧不稳定，且有难闻气味，若应用于食品工业仍需进一步研究[38]。亚氯酸是一种强氧化剂，进入细胞后，使得K^+、Mg^{2+}等小分子流出，细胞膜上的酶失活，但亚氯酸易分解，其分解产物二氧化氯易溶于水，极不稳定[39]。乳酸链球菌素（Nisin）作为一种无毒无害的食品防腐剂，常用以抑制革兰氏阳性菌的生长。Nisin对酸土脂环酸芽孢杆菌营养菌体的抑制效果较好，但对其芽孢抑制效果较差[40]。中性电解水是通过电解稀食盐或稀盐酸溶液，获得的pH接近中性的电解水，其中的有效氯以次氯酸分子的形式存在，有着很强的杀菌效果。中性电解水绿色环保，可在短时间内有效地杀灭酸土脂环酸芽孢杆菌及其芽孢[39]。迷迭香含有多种酚类物质，有抗氧化、抗菌等作用。迷迭香精油的应用广泛，研究证明迷迭香提取物对酸土脂环酸芽孢杆菌营养菌体的抑制效果较好，但对该菌芽孢抑制效果较差[41]。石榴与葡萄籽中含多种多酚及抗氧化物质，其提取物均可抑制酸土脂环酸芽孢杆菌营养菌体及芽孢的生长，经石榴与葡萄籽提取物分别处理过的酸土脂环酸芽孢杆菌，菌体及芽孢表面出现不同程度的凹陷，但该法起到抑菌作用所需的时间较长，大约需要 240h[42,43]。胡椒含有生物碱、酚类化合物等丰富的营养成分，具有抗氧化、抑菌等作用，其中起主要抑菌作用的物质是异戊烯基色烯。胡椒的果、叶提取物对大肠杆菌、枯草芽孢杆菌、金黄色葡萄球菌等食品中的常见致病菌的生长均有抑制作用，对酸土脂环酸芽孢杆菌的最小抑菌浓度为 7.81μg/mL[44]。

目前，食品加工流程中常采用物理法控制酸土脂环酸芽孢杆菌，但这类方法能耗高且不利于果汁中营养成分保存。相比较而言，化学法的抑制效果较好，但起到抑菌效果所需时间较长。单一的物理及化学法均不能有效控制由酸土脂环酸芽孢杆菌芽孢污染引起的腐败变质，理化相结合的方法在一定程度上可有效减少酸土脂环酸芽孢杆菌芽孢数，但有些方法对仪器设备的要求较高，其应用在中小型企业受到限制。因此，食品工业亟待开辟控制酸土脂环酸芽孢杆菌芽孢污染的新技术。

1.2 蛋白质组学在细菌应激机制研究中的应用

1.2.1 蛋白质组学简介

蛋白质是生命活动的主要承担者，“蛋白质组”是 Marc Wikins 于 1994 年首次提出的[45]，是以蛋白质组为研究对象，从蛋白水平分析细菌应对环境变化时的胞内动态变化的蛋白质结构、功能、相互作用等诸多方面，进而揭示应激条件下细胞内部蛋白质的生理反应、调控规律和代谢活动等[46]，研究细胞、组织或生物体蛋白质组成及其变化规律的科学[47]。在环境应激条件下，细胞及组织表达的蛋白质的组成和含量会有差异性变化。

蛋白质定量是比较蛋白质组学研究的基础，分为绝对定量和相对定量两种。非标记定量（Label free quantitation）蛋白质组学技术是通过液质联用技术对蛋白质酶解肽段进行质谱分析，通过比较质谱分析次数或质谱峰强度，分析不同来源样品蛋白的数量变化[48]。与标记定量技术相比，非标记定量技术具有所需样品总量少、对样品的操作较少从而较接近原始状态、不受样品数量的限制、无需做同位素标记、实验流程简单、耗费较低等优点。

非标记定量方法按照算法原理可将其分为两类：Spectrum counts 及 Maxquant。Spectrum counts 的发展较早，算法较多，以 MS2 鉴定结果为基础，其差别体现在后期修正大规模数据时的算法。Maxquant 与肽段峰强度、面积、色谱保留时间相关，根据 MS1 的结果，在 LC－MS 色谱上计算每个肽段信号的积分，得到定量数据[48]。Maxquant 不但能够分析 SILAC 标记的数据，也可分析非稳定同位素标记的数据。目前，非标记定量主要的数据分析方法是利用 Maxquant 软件通过识别 LC－MS 中的肽段信号对蛋白质组学数据进行定量计算，利用内置的算法检索各肽段信号的 MS2 对其定性，并整合全部数据，完成定量蛋白质组学工作。随着质谱以及定量算法和定量软件的发展，非标记定量方法越来越成熟，并得到了广泛的应用。

1.2.2 蛋白质组学研究中的翻译后修饰

蛋白质翻译后修饰（Post－traslation Modifications，PTMs）通过功能基团或蛋白质的共价添加、调节亚基的蛋白水解切割或整个蛋白质的降解来增加蛋白质组的功能多样性，在蛋白质的加工及正确折叠等方面发挥着重要作用。蛋白质翻译后修饰主要包括磷酸化、甲基化、羟基化、乙酰化等 20 种修饰方式[49]，使细胞中的一个基因对应一种或多种蛋白质，是增加蛋白质组多样性的关键机制[50]。其中，蛋白质磷酸化是最常见，也是最重要的一种蛋白质翻译后修饰方式，在调节信号转导、细胞周期、生长发育等生物学过程中发挥着重要作用，是细胞生命活动的调控中心。研究发现，在所有蛋白质中有 30％～65％在细胞内的任意时间段被磷酸化。对磷酸化蛋白进行鉴定、分类和表征，探索某一特定细胞蛋白磷酸化的动态过程，对磷酸化位点进行精准定位及差异表达磷酸化蛋白质定量的蛋白质组学的新领域，被称为磷酸化蛋白质组学[51]。

1.2.3 蛋白质组学在细菌应激机制研究中的应用

研究细菌应激反应有助于深入了解细菌抵御外界恶劣环境（化学、物理等方面）的机制，为食品保藏及特殊用途的工业菌研制提供实验与理论依据。针对不同的环境胁迫，细菌也进化出多种适应机制，根本机制是通过调节胞内蛋白酶的数量和活性来实现其环境适应性的。因此，细菌应激反应的关键是选择性合成或增加需要的蛋白，如能够保护并修复关键胞内成分的蛋白、降解变性蛋白的蛋白、扩展新陈代谢通路的蛋白等[52]。利用蛋白质组学技术从整体水平上对细菌在应激条件下的蛋白质表达谱进行研究，探索不同功能的蛋白在应激过程中的相互关系和相互作用，有助于阐明细菌应激反应的整个发生发展过程。近年来，蛋白质组学技术发展迅速，为细菌应激反应的研究提供了前所未有的机遇，已成为微生物领域开展分子机理研究的重要策略，广泛用于细菌对温度变化、pH 变化、营养物质变化及高渗透压应激等环境适应机制的研究，揭示了细菌应激反应过程与蛋白质折叠和降解、细胞周期调控及代谢调控相关的蛋白质的磷酸化修饰水平密切相关[52-54]。但是，目前对细菌的蛋白质组学研究及积累的相关数据都还远远不够，利用蛋白质组学技术探讨细菌应激反应，仍将是今后细菌学研究关注的热点。

1.3 生物信息学

1.3.1 生物信息学简介

由于高通量技术的发展，产生了大量的数据，依据传统的分子生物学方法几乎无法实现高效分析，而生物信息学便很好地解决了这一问题。生物信息学是集信息学、数学、统计学等多种技术为一体，获取生物大分子信息，阐明生物学意义的交叉学科，特指数据库类的工作[55]。生物信息学以核酸和蛋白序列为基础，对比分析各物质的生物信息。研究内容主要包括收集生物分子数据、运用搜索数据库、分析序列信息、处理表达数据、预测蛋白功能等。

生物信息学经历了前基因组时代、基因组时代和后基因组时代三个阶段的发展。前基因组时代的首要目标是构建数据库、开发检索工具并比对分析基因和蛋白质序列；基因组时代的研究方向转为测定基因序列、开发大量数据库；后基因组时代是为了解决如何在大量数据中获得准确信息的问题[56]。目前，生物信息学已经成为各领域研究的重要手段。

1.3.2 生物信息学的应用

经生物信息学处理加工的数据明确易懂，通过生物信息学可以得到生物大分子或疾病的相关信息，以解决基因组学和蛋白组学的问题[57]。作为一门新兴科学，生物信息学的发展仅有30余年，但在医学、生物技术、农业及食品领域都有广泛的应用。

生物信息学最先应用于医学。如今的医学不仅仅局限于疾病的治疗，通过生物信息学的辅助，可以筛选出许多疾病的特异性基因、药物的分子靶点，能够提前预测病毒及危害人体健康的关键蛋白，在疾病的控制和治疗、改善人类健康及医疗体系等方面起到非常重要的作用[58]。在生物技术方面常应用于基因和蛋白两个方向。基因携带生物体的遗传信息，通过对基因组数据的收集、比对与分析，可以完成遗传密码的破译。而蛋白是生命活动的执行者，从蛋白水平研究作用机制、功能模块等对于深入理解蛋白质的相互作用有重要意义[59]。目前处理植物细胞的技术已经非常完善，可以将生物信息学与常规育种技术结合，更新遗传资源，加速育种进程，改善育种效率。不仅如此，生物信息学也可以预测分析植物的致病基因，进行基因改造，改变植物的抗性，使其更适应环境生长。在食品工业中，利用生物信息学获得食品中致病菌的DNA序列，进行比对，可快速地检测食品中的有害菌或病毒。对于过敏原食品，通过生物信息学与蛋白互作的结合，研究其过敏机制，能够为相应疫苗的设计研发提供理论依据，为食品安全与健康提供良好的理论基础。

生物信息学已经成为医药研究、分子互作、蛋白预测等所必需的工具，只有通过生物信息学的处理，才能从庞大的数据中得到正确有效的信息，能够对生物体的运行机制有更深入的理解。生物信息学的发展将会对生物技术、食品安全与疾病控制等方面带来历史性的变革。

1.3.3 生物信息学在细菌应激机制研究中的应用

通过生物信息学分析获悉在应激条件下表达的差异蛋白及其参与的通路，已经成为细菌应激反应研究中的新方向。宋顺意通过生物信息学分析和 Northern blot 验证法鉴定，发现乳酸链球菌 F44 在酸胁迫条件下会过表达 sRNA，其中 s263 显著上调。其通过激活 *uxaC*（葡萄糖醛酸异构酶基因）的翻译过程，增加辅助碳源代谢途径供能，以抵御菌体酸胁迫环境[60]。徐茜茜探究了不同影响因子对酸土脂环酸芽孢杆菌低 pH 条件下芽孢萌发的影响。生物信息学分析得到 degP 蛋白能够降解变性及错误折叠蛋白，且该蛋白与低 pH 条件下芽孢萌发的信号转导有关[16]。张良等[61]比较了大肠杆菌 K12 BW25113 在 1/4 MIC 巴洛沙星浓度胁迫下的差异表达蛋白，生物信息学分析发现，大肠杆菌 K12 BW25113 可能通过缓解 TCA 循环、丙酮酸循环及碳代谢等过程来调节细菌的耐药状态；通过提高核酸代谢等相关蛋白的表达量，以减少巴洛沙星的杀菌压力，进而促进细菌存活。

1.4 蛋白质相互作用网络

1.4.1 蛋白质的相互作用

蛋白质是生物体重要的组成部分，是生命活动的重要大分子和执行者，单一的蛋白质无法行使生物功能，需要彼此间的蛋白质-蛋白质相互作用（Protein - Protein Interaction，PPI）或构成蛋白质相互作用网络参与生物体的生命过程，如信号传递、基因表达调节、能量和物质代谢等[62]。蛋白质相互作用有物理相互作用和功能上的相互作用两种形式：在生命周期中蛋白质因相互接触而作用为物理相互作用；功能的相互作用是指在功能上联系紧密的蛋白质，如参与同一代谢途径或完成同样功能，但无直接接触。

1.4.2 蛋白质相互作用网络

分子间相互作用的合集构成了生物体的生命过程，由于蛋白质互作网络的复杂性，只有高通量、大规模的研究方法才能快速准确地对其进行研究。一般根据实验目的和条件来选择研究蛋白质相互作用的方法。早期常用的实验方法包括质谱鉴定、蛋白芯片免疫共沉淀及噬菌体展示技术等。这些方法成本高、周期长、通量低，不能满足组学方面的研究需求。近年来，蛋白互作预测及蛋白互作网络已成为生物信息学研究领域的热点。

蛋白质互作网络（Protein Interaction Network，PIN）是指通过图表或图论将生物体的蛋白质-蛋白质相互作用（PPI）以直观的方式展现出来[63]。在蛋白互作网络图中，节点代表相互作用的一个蛋白，边代表节点间的相互作用。通过蛋白互作网络可以很好地研究细胞的生命活动，在基因组学与蛋白组学中起到了非常重要的作用，因此蛋白互作网络的构建是有重要意义的。

1.4.3 蛋白互作网络在细菌应激机制研究中的应用

蛋白互作网络发展距今仅有 20 余年，但对生物在应激条件下的蛋白互作网络研究已有很多报道。Sun[64]等利用生物信息学与蛋白互作网络研究了食管鳞状细胞癌中的热休克蛋白，筛选出了近百种差异表达蛋白和与其互作的邻近蛋白，并分析得到了热应激的主要通路和关键蛋白，揭示了热休克蛋白在鳞状细胞癌中的重要作用。Pang[65]等利用渗透压胁迫处理酵母细胞，以蛋白互作网络为基础，分析得到在胁迫过程中的关键蛋白，并利用复合物检测算法（MCODE）对其进行计算，得出在胁迫过程中起到关键作用的模块，能够更好地理解相关蛋白功能及其重要性。Han[66]等基于生物信息学和蛋白互作网络的方法研究了盐胁迫下的地衣芽孢杆菌，利用获得的PPI数据构建蛋白互作网络，在正常和盐胁迫条件下，鉴定出了多种差异蛋白复合物，并对其进行功能注释，同时发现蛋白互作网络有很强的鲁棒性。

1.5 酵母双杂交

1.5.1 酵母双杂交原理

酵母双杂交以酿酒酵母中的转录因子 Gal4 为基础进行转录工作，主要研究蛋白质间的相互作用。Gal4 可以促使 RNA 聚合酶连接半乳糖激酶的启动子序列，从而促使该酶的基因进行转录。Gal4 有两个独立存在的结构域，分别是 DNA 结合结构域（DNA binding domain，BD）和转录激活结构域（action domain，AD）。这两个结构域功能特殊，但并不能结合启动转录，只有在距离上接近时，才可以激活转录因子从而启动下游基因的转录。将诱饵蛋白 X 与 BD 结合，猎物蛋白 Y 与 AD 结合，并转入酵母细胞，若 X 蛋白与 Y 蛋白相互作用形成蛋白复合物，可拉近 BD 与 AD 的间距，以此启动下游的转录，下游报告基因（半乳糖苷酶）随之开始转录表达。因此，通过观测半乳糖苷酶的活性可检测 X 与 Y 蛋白间是否发生相互作用[67]。

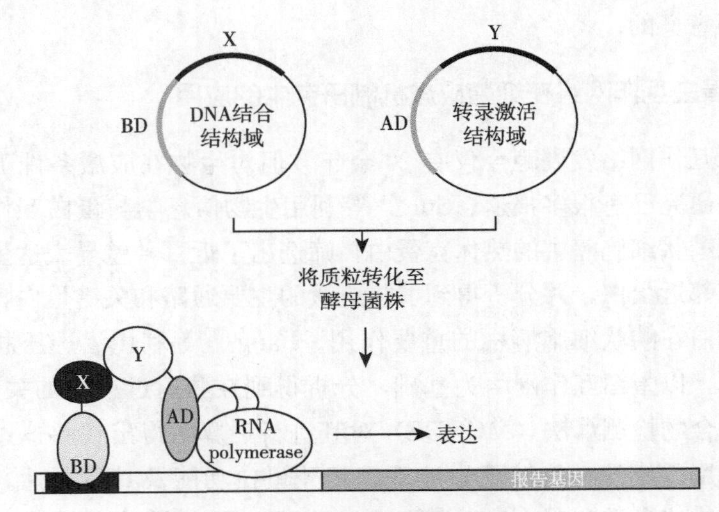

图 1-2　酵母双杂交原理[68]

1.5.2　酵母双杂交的应用

酵母双杂交已经成为生物工程常用的研究工具。该技术可以在 cDNA 文库中筛选出与其互作的未知蛋白，继而研究在功能上的联系，可以发现新蛋白及其功能。酵母双杂交技术可用于构建蛋白互作网络。生物体内的蛋白质在功能上相互联系，成为生命活动的执行者，而酵母双杂交技术研究的是活细胞体内的蛋白质与蛋白质之间的相互作用，系统地了解蛋白相互作用有助于人们更好地了解生物体生命活动[68]。Rain[69]等建立了幽门螺杆菌蛋白互作图，利用酵母双杂交技术从中筛选了261个蛋白，并证实了幽门螺杆菌蛋白间有超过1 200个相互作用，连接了46.6%的蛋白组。刘爱丽[68]通过酵母双杂交技术筛选拟南芥cDNA文库中与高温胁迫相关蛋白的互作蛋白，为研究其应答高温胁迫的机制打下基础。

1.5.3 酵母双杂交的发展

酵母双杂交的广泛应用基于该系统具有诸多优点：(1) 检测是在酵母活细胞中完成的，能够一定程度地反映细胞内情况。(2) cDNA文库可由不同细胞组织构建，可以分析多种细胞部位的蛋白。(3) 能够检测到微弱和瞬时的蛋白互作。(4) 无需提取纯化蛋白，可以将构建好的重组质粒直接转入酵母活细胞。但是，酵母双杂交技术也存在一定的局限性：①有些蛋白本身可以在BD与AD无结合时激活转录，产生假阳性现象。②与其他细菌相比，酵母菌的培养时间较长。③有些蛋白具有毒性，影响酵母菌的生长，甚至杀死酵母。④有些蛋白可以与其他蛋白形成有激活能力的复合物，导致假阳性。

酵母双杂交技术发展距今已有20余年，随着对蛋白组学研究的深入，数据的需求和数量在不断增加，在应用过程中发现该技术本身仍存在一些缺点。因此，在酵母双杂交的基础上，又发展出了基于荧光报告基因的酵母双杂交、酵母单杂交、酵母三杂交、酵母的反向杂交技术等[70]。随着技术的不断发展，酵母双杂交技术也将被不断完善，必定在更多领域发挥重要作用。

1.6 研究目的与意义

酸土脂环酸芽孢杆菌有双重的嗜酸耐热特性，能经受巴氏杀菌过程而存活，具有很强的抗逆性，主要存在于土壤及水果加工产品中，一旦污染可引起巴氏灭菌果汁的腐败而产生难以接受的气味，对果汁加工业造成很大危害，该菌一经发现就引起食品界的广泛关注。酸土脂环酸芽孢杆菌能生活在特殊的热环境中，代表着生物体对环境较强的适应能力。

目前，国内外关于酸土脂环酸芽孢杆菌的研究逐步从分离、检测、控制方面拓展到对酸土脂环酸芽孢杆菌的开发利用，但是对该菌耐热机理的研究比较匮乏，已成为有效利用该菌亟待解决的关键科学问题。对其耐热特性的调控机理研究有助于解决该菌在果汁加工业中的污染问题，同时又为该菌的合理开发利用奠定理论基础，在基因工程及新资源利用等方面具有广阔的应用前景和开发潜力。

利用蛋白组学技术和蛋白互作网络相结合的研究手段筛选酸土脂环酸芽孢杆菌热应激反应相关的关键蛋白，研究该菌热胁迫反应中的关键蛋白互作网络，预测关键蛋白与其互作蛋白的作用模式和调控通路，将为全面揭示酸土脂环酸芽孢杆菌耐热机制奠定理论基础，为该菌相关特性的深入研究和利用等提供重要依据。研究结果不仅有助于揭示微生物耐热的分子机制，同时也为微生物抗逆特性研究和发酵工业中的菌种改良等提供实验依据，具有重要的理论意义和实际应用价值。

2 Lable - free 技术筛选酸土脂环酸芽孢杆菌 DSM 3922^{T} 热应激关键蛋白

2.1 引言

热处理是酸性果汁和低 pH 食物中常用的杀菌技术。酸土脂环酸芽孢杆菌是中度嗜酸耐热菌，由于其独特的嗜酸耐热特性，可经受传统的巴氏杀菌法而存活，导致酸性果汁在货架期就发生腐败变质，已成为果汁加工业面临的严峻问题。研究酸土脂环酸芽孢杆菌应对热应激的分子调控机制是其危害控制和有效利用的关键。

细菌对外部环境的应激反应是其基因组中大部分基因参与的一个十分复杂的过程，涉及多种代谢调控途径。当外部生存环境变化时，细菌会在短时间内产生应激反应，通过诱导和抑制某些蛋白表达，有选择地合成蛋白或者增加需要的蛋白数量，调节胞内蛋白酶的数量和活性，进而调整细胞总蛋白的表达来抵御外界胁迫环境[71]。微生物的热应激反应在大肠杆菌、枯草芽孢杆菌、蜡状芽孢杆菌及乳酸菌等中已有广泛的研究。这些研究表明，新合成的蛋白质对微生物在热胁迫条件下的生存起着重要的作用[72,73]，热诱导合成的基因与细胞保护、转录调控、溶质运载及碳代谢等多种细胞过程相关。前期研究表明，在遭受热胁迫时，酸土脂环酸芽孢杆菌的分子伴侣蛋白 DnaK、DnaJ 的表达量在短时间内迅速上调[74,75]，但目前该菌应对外界热胁迫时胞内蛋白的动态变化与其耐热特殊适应机制尚未系统研究。

为了揭示酸土脂环酸芽孢杆菌响应热胁迫的关键调控蛋白在该菌抗热胁迫应答中的分子调控机制，本书利用非标记定量蛋白组学技术分析酸土脂环酸芽孢杆菌在热胁迫条件下的差异表达蛋白，并利用 qRT - PCR 技术从转录水平验证关键差异表达蛋白在该菌应答热应激中的表达规律及功能，为酸性果汁的保藏、微生物抗逆特性研究和抗酸热工业菌株研发提供理论依据。

2.2 试验方法

2.2.1 菌种与培养基

酸土脂环酸芽孢杆菌（*Alicyclobacillus acidoterrestris* DSM 3922^{T}），购于德国菌种保藏中心。

AAM 液体培养基：葡萄糖 2.0g，酵母浸粉 2.0g，$CaCl_2$ 0.38g，KH_2PO_4 1.2g，$MgSO_4 \cdot 7H_2O$ 1.0g，$MnSO_4 \cdot H_2O$ 0.38g，（NH_4）SO_4 0.4g，无菌水定容至 1L，pH 4.0，121℃灭菌 30min。

2.2.2 酸土脂环酸芽孢杆菌的培养和热胁迫处理

取－80℃冻存的酸土脂环酸芽孢杆菌菌液 10μL 接种于 1mL AAM 液体培养基中，45℃、250r/min 条件下培养 16h。活化后的菌液按照 1%的接种量接种至 50mL AAM 液体培养基中（250mL 锥形瓶），45℃、250r/min 条件下培养至对数期。取 5mL 对数期的菌液作为对照，剩余菌液于 60℃、65℃、70℃振荡水浴锅中分别热处理 5、10、15、20、25、30min。酸土脂环酸芽孢杆菌在热激条件下的细菌活性和菌体形态分别用菌落计数法和环境扫描电镜检测。

2.2.3 扫描电子显微镜检测酸土脂环酸芽孢杆菌形态

将离心收集的菌体用预冷的无菌超纯水反复清洗 5 次，置于含有 2.5%的戊二醛（$C_5H_8O_2$）溶液中，4℃放置 2h 固定菌体形态。将已固定样品用无菌超纯水清洗后，进行乙醇梯度脱水（35%、50%、70%、80%、90%、100%）1～2 次，每次脱水 10～15min。脱水后的样品先浸泡在乙酸异戊酯（$C_7H_{14}O_2$）与乙醇体积比为 1∶1 的混合液中 15～20min，再置于乙酸异戊酯中浸泡，并温和振摇 20min，自然风干后于扫描电子显微镜下观察菌体形态。

2.2.4 酸土脂环酸芽孢杆菌总蛋白提取和酶解

将热处理组和对照组样品于4℃、5 000×g 条件下离心 10min，弃上清后冻存于－80℃条件下备用。提取菌体总蛋白样品时，冻存的菌体用 pH 7.0 的磷酸盐缓冲液（PBS）洗涤两次，然后重悬于细胞裂解液（SDT：4% w/v 的 SDS，100mmol/L Tris-HCl，1mmol/L DTT，pH 7.6）中裂解菌体。用全自动样品冷冻研磨仪反复研磨后进行超声波破碎，收集上清，沸水浴 5min。每份样品各取 200μg，采用辅助过滤样品预制法（Filter-aided sample preparation，FASP）酶解蛋白质[76]，利用荧光法（激发波长 295nm，发射波长 350nm）进行肽段和多肽的定量。

2.2.5 酶解产物的 LC-ESI-MS/MS 分析

采用纳升流速 EASY-Nlc 1 000 系统进行分离，流动相 A 和 B 分别为 0.1%的甲酸水溶液和甲酸乙腈溶液。色谱柱分离时流速为300nL/min。相关液相洗脱梯度如下：0～130min（5%～40% B）、130～140min（40%～90%B）、140～150min（90%B）和 150～160min（5%B）。

酶解产物经液相色谱分离后用 LTQ Orbitrap Velos Pro 质谱仪（Thermo Finnigan，San Jose，CA）进行质谱分析。检测方式为正离子，喷雾电压为 1.8KV，离子传输毛细管温度为 250℃，母离子扫描范围为 350～1 800m/z，从全扫描中选择 10 个高强度离子用于 CID（碰撞诱导解离）碎裂，动态排除时间持续 30s。在 400m/z 时，全扫描和 MS/MS 分析的分辨率分别为 70 000 和 17 500。每个样品设置 3 次生物学重复和两次技术重复。所有 MS 蛋白组学数据已提交至 iProX 数据库（http：//www. iprox. org），登录号为 IPX0001164000。

质谱分析得到的原始文件导入 MaxQuant 软件（1.3.0.5），使用 UniProt 数据库（uniprot-*Alicyclobacillus acidoterrestris* - 4110 -20160929. fasta）进行搜索。MaxQuant 所得的输出文件上传至 Perseus（1.5.1.6），根据质谱峰强度计算蛋白质丰度，并用 MaxQuant 进行非标记定量分析。选择表达量大于对照组 1.5 倍或小于 0.67 倍且具有统计学意义（$p \leqslant 0.05$）的蛋白为差异表达蛋白。

2.2.6 GO分析和KEGG分析

利用GO（Gene Ontology）分析对差异表达蛋白进行功能注释。利用BLASTp程序从NCBI蛋白数据库中搜索到同源序列，利用Gene Ontology（GO）和Enzyme Code（EC）数据库进行相似性比对并进行高通量注释。将差异蛋白信息映射到KEGG数据库，分析差异表达蛋白参与的代谢通路。

2.2.7 Quantitative Real-time PCR验证主要通路中的关键蛋白

利用RNAfast1000（Pioneer Biotechnolgy，Inc）试剂盒提取酸土脂环酸芽孢杆菌总RNA，采用RevertAid™第一链cDNA合成试剂盒（Fermentas，Lithuania）进行反转录后，使用Maxima SYBR Green/ROX qPCR Master Mix（Thermo Fisher Scientific，USA）和TL988系统进行实时定量PCR检测关键蛋白基因表达水平。采用$2^{-\Delta\Delta Ct}$法分析qRT-PCR试验数据[77]。

2.2.8 数据分析

处理组和对照组的差异显著性分析利用统计软件SPSS（Version 11.0）中的配对t检验进行。显著性差异水平设置为$p<0.05$或$p<0.01$。

2.3 结果与分析

2.3.1 热胁迫对酸土脂环酸芽孢杆菌存活率和菌体形态的影响

在高于酸土脂环酸芽孢杆菌最高生长温度的条件下对该菌进行热胁迫处理，多变量方差分析结果表明，处理温度、处理时间及处理温度和处理时间的交互作用对酸土脂环酸芽孢杆菌营养菌体的存活率影响显著（F值分别为444.45、159.04、40.92，$p<0.01$）。通过对酸土脂环酸芽孢杆菌进行60℃、65℃、70℃，5min的热处理，发现活菌数与对照组相比无明显变化，当处理时间延长至10min时，活菌数显著减少（$p<0.01$）（图2-1）。

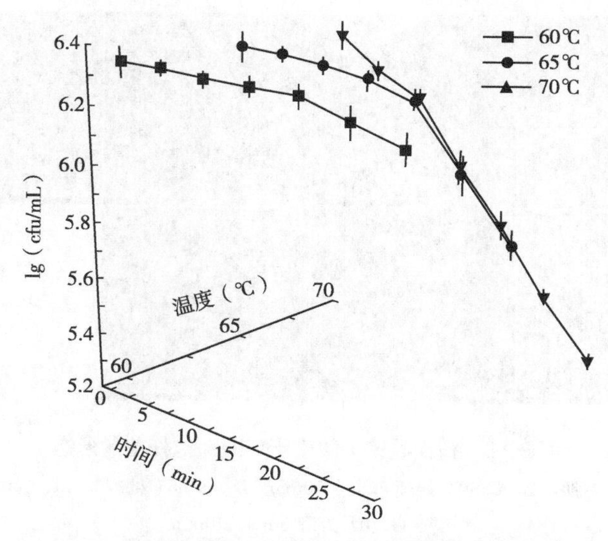

图 2－1　酸土脂环酸芽孢杆菌在热激条件下的存活曲线

为进一步检测菌体存活状态，将于60℃、65℃、70℃条件下分别处理 5min 和 10min 的酸土脂环酸芽孢杆菌置于扫描电子显微镜下观察菌体形态（图 2－2）。未经热处理的对照组菌体表面圆润光滑，呈典型的杆菌形态（图 2－2A）。经 60℃热处理 5min 和 10min 的菌体与对照组相比菌体形态无明显变化（图 2－2B，图 2－2C）。在 65℃热处理 5min 时，菌体表面变得不平整，说明菌体细胞壁受到一定程度的损伤。随着处理温度升高、处理时间延长（65℃，10min；70℃，5min；70℃，10min），大部分菌体的细胞壁损伤严重，出现了菌体细胞膜凹陷及菌体皱缩现象。从菌体存活率和菌体形态变化推测，酸土脂环酸芽孢杆菌在 65℃条件下热处理 5min 时，菌体呈存活状态且胞内蛋白的表达可能发生了一定的变化。因此，选择 65℃，5min 处理的样品进行下一步的蛋白组学分析。

2.3.2　LC－ESI－MS/MS 分析热应激下的差异表达蛋白

本次实验共有对照组和热处理组两组样品，每组设有 3 次生物学重复和两次技术重复。符合同组 6 次重复数据有 4 次及以上不为零要求的数据

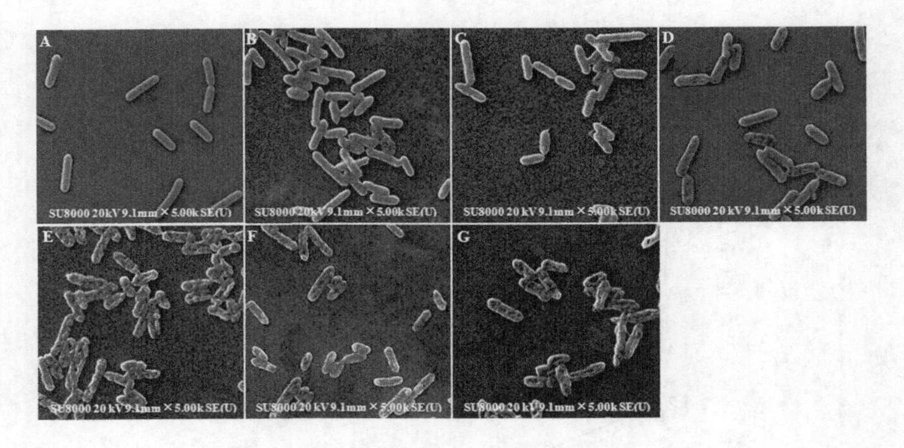

图 2-2 扫描电镜下酸土脂环酸芽孢杆菌的形态

A. 对照 B、C. 60℃处理 5min、10min D、E. 65℃处理 5min、10min

F～G. 70℃处理 5min、10min

进行比值分析和单因素方差分析（$p<0.05$）。根据 LC-ESI-MS/MS 分析结果，酸土脂环酸芽孢杆菌在 65℃，5min 的热处理条件下，以 $p<0.05$，蛋白表达量与对照组的比值大于 1.5 倍或小于其 0.67 倍为标准，鉴定出差异表达蛋白 545 种，其中 258 种蛋白表达量显著上调，287 种蛋白表达量显著下调。

2.3.3 热应激相关蛋白的生物信息学分析

对热应激相关差异表达蛋白进行 GO 富集分析，根据这些差异蛋白参与的生物学功能进行了分类。在生物过程这一大类中，代谢过程、细胞过程、单一生物过程、发育过程，细胞组分组织或合成及应激反应占的比例较高。分子功能分析和细胞组分分析结果表明，差异表达蛋白主要与结构分子活性、催化活性、结合活性、翻译调控活性和蛋白结合活性、抗氧化活性、金属伴侣活性、信号转导活性、分子转导活性有关，并且 83.6% 的差异表达蛋白都位于细胞部分（图 2-3）。

在生物体中，蛋白质是通过相互协调作用行使其生物学功能，通路分析有助于全面、系统地了解生物的环境应激机制。KEGG 是常用于通路研究的数据库之一，本研究将热应激相关差异蛋白进行 KEGG 注释，分

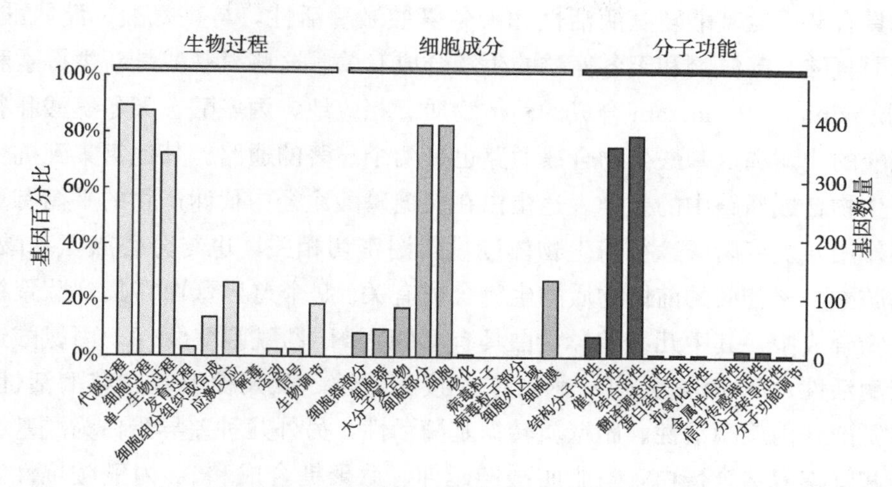

图 2-3　热应激下差异表达蛋白的生物学过程、分子功能和细胞组分分析

析这些差异蛋白参与的主要代谢和信号转导途径。通过 KEGG 富集发现，热应激相关差异表达蛋白映射到 100 条通路，其中前十个通路包括核糖体、抗生素的生物合成、代谢途径、嘌呤代谢、次级生物合成、氨基酸生物合成以及丙氨酸、天冬氨酸和谷氨酸代谢等（图 2-4）。

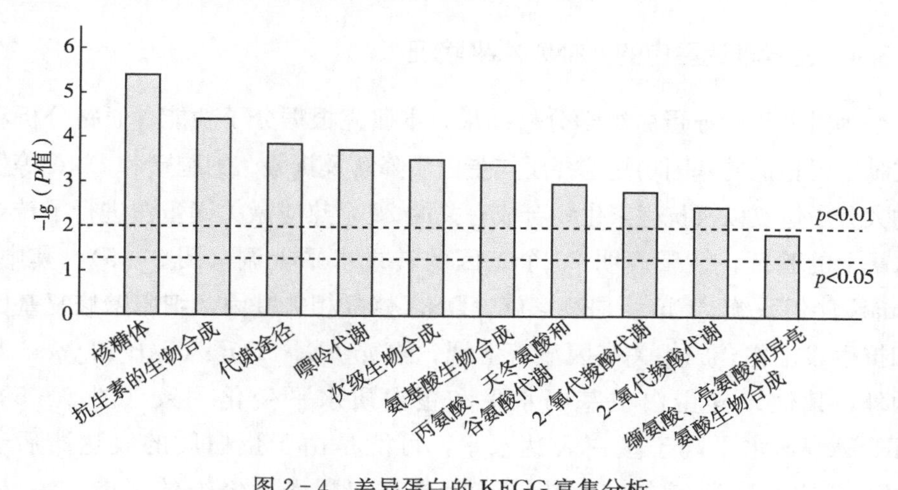

图 2-4　差异蛋白的 KEGG 富集分析

35 个差异蛋白富集到核糖体通路，其中大部分核糖体亚基蛋白的表达量显著上调。69 个差异蛋白富集到抗生素合成通路，其中有些差异蛋

白具有芳香氨基酸转氨酶活性和天冬氨酸激酶活性，与亮氨酸、酪氨酸、苯丙氨酸、苏氨酸和天冬氨酸的生物合成有关，这些氨基酸是新生霉素和 tabtoxinine - β - lactam 合成的前体物质。相应地，丙氨酸、天冬氨酸和谷氨酸的代谢和氨基酸生物合成通路也是两个显著的通路。其他富集到抗生素生物合成通路中的差异表达蛋白在戊糖磷酸途径中代谢产物的平衡有重要作用，戊糖磷酸途径与生物体能量代谢密切相关，也与芳香族氨基酸、脂肪酸、核苷酸的前体物质的生物合成有关。9 个差异蛋白富集到肽聚糖生物合成中，其中几种差异蛋白具有 UDP - N -乙酰胞壁酶- L -丙氨酸连接酶活性、D -丙氨酸- D -丙氨酸连接酶活性、肽聚糖糖基转移酶活性、谷氨酸外消旋酶活性、胞壁质转糖基酶活性，另外几种差异蛋白为酰基载体和青霉素结合蛋白，与脂肪酸链延伸、肽聚糖合成和 β -内酰胺抗性密切相关。值得提及的是，分别由 *mutl*、*muts*、*reca*、*adda*、*xseb* 及两个 DNA 解旋酶基因编码的 7 个蛋白富集到 DNA 错配修复和核苷酸切除修复通路中。这些蛋白质表达量的急剧增加表明热应激诱发了 DNA 损伤效应。这些富集到不同通路中的差异蛋白在热应激过程中的功能如何以及是如何相互作用的，值得进一步探讨。

2.3.4 差异表达蛋白的 mRNA 水平验证

为进一步验证蛋白组学分析结果，本研究根据分子功能、通路分析和文献中已报道的基因功能选择了与蛋白质降解及折叠、细胞壁和 DNA 等生物大分子修复以及抗生素生物合成有关的 29 个热应激关键蛋白进行了转录水平上的验证，结果表明 28 个基因的转录水平上调（图 2 - 5）。其中，DnaK 伴侣系统、Clp 蛋白酶家族、DNA 修复相关基因、细胞壁修复基因和抗生素生物合成相关基因显著上调。除 *grpE*、*clpP*、*xseB* 和 *yqeF* 基因外，其他差异蛋白在基因水平和蛋白质水平变化一致（图 2 - 5）。mRNA表达水平高于蛋白表达水平，可能是由于蛋白质的表达滞后于 mRNA 的表达且蛋白表达受转录后调节和翻译后修饰的影响。另外，mRNA 合成和蛋白质合成的调节机制存在差异（如合成和降解速率），这些因素都会影响到蛋白的最终表达量。

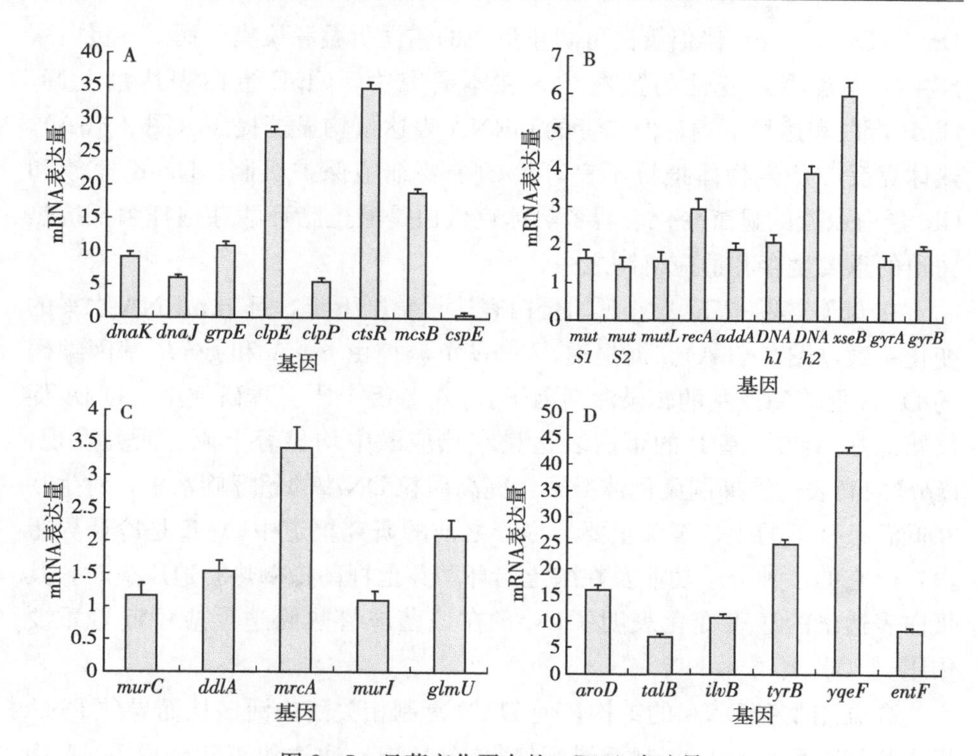

图 2－5　显著变化蛋白的 mRNA 表达量

A. 热休克蛋白　B. DNA 修复蛋白　C. 细胞壁合成相关蛋白　D. 抗生素合成相关蛋白

2.4　讨论

细菌热应激的反应过程复杂，涉及基因和蛋白质协同作用，研究表明新生蛋白质的合成可以提高细菌的耐热性[74]。据报道，DnaK 家族蛋白和蛋白酶与热应激密切相关，在遭遇热应激反应时表达量上调[78]。本研究发现，酸土脂环酸芽孢杆菌在 65℃条件下热处理 5min 后，DnaK 和 DnaJ 的蛋白量和 mRNA 表达量均显著提高，这与前期的研究结果是一致的[74]，进一步表明 DnaK 和 DnaJ 在酸土脂环酸芽孢杆菌应对热胁迫反应中具有重要作用。而 DnaK 操纵子中的 *grpE* 基因的表达在蛋白质水平和 mRNA 水平上不一致，可能是由于蛋白表达滞后于基因表达所致（图 2－5A）。研究认为，

DnaK/DnaJ/GrpE 伴侣蛋白可防止蛋白的错误折叠和聚集，而 Clp 蛋白家族主要降解凝聚变性的蛋白[79]。在本研究中，ClpE 蛋白表达量上调，ClpP 蛋白表达量下调，但二者的 mRNA 表达量均显著提高（图 2-5A）。热休克反应是生物体抵抗不良环境的主要细胞保护机制，DnaK 家族和 Clp 蛋白家族的显著变化表明了热休克蛋白是酸土脂环酸芽孢杆菌抵抗热胁迫的重要生存和适应机制之一。

在 65℃热胁迫下，*cspE* 的蛋白表达量急剧下降，且与 mRNA 水平的变化一致（图 2-5A）。据报道，*cspE* 负调控由 *gyrA* 和 *gyrB* 基因编码的 DNA 促旋酶亚基的转录激活因子 *cspA* 基因[80,81]。本研究中，DNA 促旋酶亚基 A 和亚基 B 的蛋白表达量在热应激中均显著上调。研究发现，*cspE* 的高表达能抑制染色体凝聚，提高质粒 DNA 的超螺旋水平，对生物在低温条件下的生长至关重要。尽管之前的研究报道中 *cspE* 是冷诱导蛋白，但它的多种分子功能及在酸土脂环酸芽孢杆菌抵御热胁迫反应时，其蛋白表达量的显著变化表明了 *cspE* 在该菌应答热胁迫反应中起着重要作用。

高温能改变 DNA 的结构，使 DAN 复制相关酶失活，从而导致 DNA 损伤和细胞死亡[84]。复制后错配修复（MMR）通过纠正新合成 DNA 中碱基的错误插入、删除和错配，从而提高 DNA 复制的保真度，并维持基因组的稳定性。包括 *mutS*、*mutH* 和 *mutL* 基因在内的甲基导向错配修复系统，对于 DNA 错配修复中的错配检测和定向修复机制至关重要[86]。65℃热胁迫 5min 后，酸土脂环酸芽孢杆菌中的 MutS1、MutS2、MutL、RecA、AddA 以及两种 DNA 解旋酶等多种与 DNA 修复相关的酶均显著上调，而由 *xseB* 基因编码的外切脱氧核糖核酸酶 VII 亚基的表达量显著下调。MutS 蛋白能够识别 DNA 错配并启动错配修复[87]。MutL 在 DNA 错配识别、链识别、链去除中介导蛋白质-蛋白质相互作用，调节 MutS、MutH 的多种功能。大多数 MutL 同源物具有核酸内切酶活性，并与几种单链核酸外切酶发生互作。RecA 和 RecBCD 对修复 DNA 断裂和同源重组是必不可少的。据报道，RecA 和 AddAB 解旋酶/核酸酶能够促进与重组相关的 DNA 修复[89]。在酸土脂环酸芽孢杆菌受到热胁迫后，RecA、AddA 和两种 DNA 解旋酶表达量的显著升高，表明这些基因可能参与了

DNA 重组修复。脑膜炎球菌的核酸外切酶 *xseB* 基因能够控制和诱导 DNA 修复，本研究中 *xseB* 表达量的降低，表明它可能与 *mutL* 基因相互作用并受其调控。

与细胞壁和外膜合成相关的参与肽聚糖合成的一些蛋白质的表达量也发生了显著变化。例如，由 *murC* 基因编码的 UDP - N -乙酰胞壁- L -丙氨酸连接酶、D - Ala - D - Ala 羧肽酶、*mrcA* 基因编码的肽聚糖糖基转移酶、由 *murI* 基因编码的谷氨酸消旋酶、双功能蛋白 GlmU 等。扫描电镜检测结果表明，酸土脂环酸芽孢杆菌在经过 65℃、5min 的热处理后其细胞壁受到破坏（图 2 - 2）。细菌细胞壁和细胞膜的损伤被认为是导致细菌死亡的主要原因，维持细胞膜的完整性对细胞的生存至关重要。细胞膜损伤修复不仅仅是一个简单的重新组装过程，可能涉及膜组分的重新合成和分布。Chilton 等发现，在大肠杆菌细胞膜的损伤修复过程中，肽聚糖的合成必不可少，因此推断，细胞在进行膜损伤修复前首先要合成细胞壁组成成分。肽聚糖合成相关酶的增加，表明酸土脂环酸芽孢杆菌在热应激过程中可能通过调节或合成细胞壁组成成分，以保护细胞膜免受伤害或尽快修复细胞膜损伤。

热应激引发了一系列的调控反应，转录调控因子和热应激相关蛋白之间的相互作用网络仍不清楚。酸土脂环酸芽孢杆菌应对热胁迫的蛋白质组学分析结果，显示热应激相关差异表达蛋白映射到了 100 个通路，这表明细菌的热应激调控是一个庞大的复杂网络。在 65℃热胁迫 5min 时，核糖体蛋白及与核糖体组装有关的蛋白表达量显著增加，KEGG 分析结果也表明核糖体亚基形成和组装通路与热应激关系密切。Van Bogelen 和 Neidhardt[93] 报道，核糖体在大肠杆菌的热休克和冷休克反应起着传感器作用。温度对细菌中蛋白质合成的影响是通过“RNA 温度计”来调控核糖体的翻译效率实现的。本研究的试验结果也为这一理论提供了佐证。

另外，热应激也引起细菌生理机能的快速调整，已有相关文献报道大肠杆菌及其他细菌在遭受热应激时代谢通路发生变化。研究表明，热应激反应引起的细胞膜的损伤可能会引起次级代谢基因的表达并激活次级代谢[97]，这与本书的试验结果是一致的。在本研究中，次生代谢产物的生物合成通路是与热应激相关的十个显著通路之一。次生代谢产物包括抗生素、色素、毒素等具有多种不同的潜在生物活性的小分子或有机分子[98]。次级代谢产物的合成受氨基酸或其他小分子诱导，多种次级代谢产物已被报道在微生物相互作用中起着重要作用，如参与群体感应、作为信号分子使细菌之间进行交流，对外界环境变化做出一致反应[99]。值得注意的是，本研究发现抗生素的生物合成通路也是响应热应激的重要通路，与新生霉素、二氨基-β-内酰胺等合成相关的几种蛋白质的表达量显著增加。有研究表明，热应激可诱导微生物合成抗生素，一些微生物源抗生素如新生霉素、培氟沙星和氯霉素具有调控 DNA 超螺旋的作用[100]。DNA 超螺旋的变化可能在应激信号与转录激活的耦合中起到作用，并且 DNA 负超螺旋增加对大肠杆菌的渗透压应激反应是很有必要的。新生霉素可抑制 DNA 旋转酶的活性，该酶能调节 DNA 拓扑结构，在无 ATP 时，切断处于超螺旋状态的 DNA 分子，使超螺旋松弛；在有 ATP 时，使松弛状态的 DNA 进入负超螺旋结构[101]。显然，高温导致了 DNA 超螺旋发生变化，这一变化作为环境传感器触发热应激相关基因的表达。本研究发现，两种Ⅱ型拓扑异构酶，DNA 促旋酶亚基 A 和亚基 B，在热应激 5min 后在蛋白水平和 mRNA 水平的表达量均急剧增加（图 2 - 5B），并且由 *mutS*、*mutL* 等基因编码的 8 种热应激相关差异表达蛋白被映射到 DNA 错配修复通路，说明拓扑异构酶及错配修复蛋白的差异表达均与 DNA 构象的变化有关。

丙氨酸、天冬氨酸和谷氨酸的代谢和氨基酸的生物合成也是响应热应激的重要通路之一。据报道，L-天冬氨酸和 L-酪氨酸是新生霉素和二氨基-β-内酰胺合成的前体物质。作为蛋白质的基本组成单位，氨基酸起着非常重要的作用。大量的研究表明，氨基酸代谢在多种细菌遭受热胁迫的生存中起着至关重要的作用。据报道，谷氨酸在高温下对蛋白质具有保护作用，有助于变性蛋白质的降解和重新折叠，精氨酸的分解代谢与能量的产生密切相关[105]。根据本研究的结果推测，作为新生霉素生物合成的前体物质，L-天冬氨酸和 L-酪氨酸可能作为信号分子诱导了这些抗生素合成。因此，本研究认为，热胁迫引起的酸土脂环酸芽孢杆菌 DNA 负超螺旋的变化可能诱导了抗生素的生物合成，这将为研究酸土脂环酸芽孢杆菌响应热胁迫的信号转导和调控提供新的思路。

据报道，大多数抗菌剂可以抑制细胞壁、DNA、RNA 及蛋白质的合成，提高细菌产生细胞膜的能力。肽聚糖是细菌细胞壁的重要组成部分，抗生素通过影响转肽酶活性来阻止其合成，从而抑制细胞壁的合成。因此，热应激触发的抗生素合成可能会激活 β－内酰胺抗性和肽聚糖合成通路。本试验中，与 β－内酰胺抗性和肽聚糖合成通路相关的负调控细胞裂解的 *MrcA* 基因和肽聚糖生物合成相关基因的表达量均发生了显著变化，为上述推测提供了佐证，表明热应激诱导合成的抗生素不仅是响应 DNA 构象变化的关键因素，可能也是激活细胞壁修复以保护细胞膜免受损伤的关键因素。抗生素引发了代谢和全基因表达大量复杂的变化，包括特定应激反应基因的诱导。本书为这一观点提供了理论和实验依据。前期有研究表明，抗生素能够引发大量复杂的代谢变化和包括特定应激反应基因诱导等全局基因表达发生变化，本研究结果为这一观点增加了新的证据。

2.5 结论

酸土脂环酸芽孢杆菌及其芽孢引起的酸性水果制品的腐败变质已成为食品加工业普遍关注的问题。基于分子功能、差异蛋白及其参与的代谢通路分析，本研究表明酸土脂环酸芽孢杆菌应对热胁迫的生理生化反应是复杂的调控网络。热应激引起的 DNA 构象变化作为生物信号分子，诱导 DNA 促旋酶和核糖体的大量合成，从而触发热应激相关蛋白的合成和一系列包括 DNA 修复，与 DNA 促旋酶相互作用的特定抗生素的合成，以及由抗生素引发的细胞壁修复等一系列胞内动态变化。而且在热应激过程中，DNA 促旋酶亚基 A、B 的表达量显著上调，表明抗生素的合成可能介导和桥接热应激相关的生物过程，并在调节酸土脂环酸芽孢杆菌的热应激反应中发挥关键作用。对该菌响应热应激的关键通路的分析可以更好地了解酸土脂环酸芽孢杆菌耐热特性的生理适应机制，有助于其危害控制和有效利用。

3 酸土脂环酸芽孢杆菌响应热胁迫的磷酸化蛋白质组学研究

3.1 引言

微生物通过多种机制不断地调整它们的蛋白质，以适应不断变化的环境，这些机制从较慢的转录调节到通过与其他蛋白质或小分子的相互作用来快速调节蛋白质活性[53]。蛋白质磷酸化或去磷酸化是信号从细胞外流向细胞内并导致细胞效应过程的关键机制，在许多生物学过程中发挥着重要的作用，包括调控酶的活性、蛋白质的构象、蛋白之间相互作用及蛋白在细胞内定位等。由于磷酸化蛋白在细胞生命活动中具有重要的功能和作用，近年来已成为蛋白质组学研究的热点，也被广泛应用于生物热应激调控机制的研究中。

利用磷酸化蛋白质组学对细胞中所有磷酸化蛋白质进行系统的全面定性和定量分析，从整体上观察细胞中被修饰的磷酸化蛋白质的状态及其变化，可系统全面研究磷酸化修饰对生命过程的调控作用及其分子机制[113]。细菌热胁迫响应机制是一个较复杂的过程，研究蛋白质的磷酸化修饰对于解析酸土脂环酸芽孢杆菌响应热应激的分子调控机制非常重要。

3.2 试验方法

3.2.1 富集磷酸化肽段

将肽段溶解在含有 50%乙腈/6%三氟乙酸的富集缓冲溶液里，转移上清至洁净的 IMAC 材料中，置于振荡器上室温孵育 30min。然后用缓冲溶液 50%乙腈/6%三氟乙酸和 30%乙腈/0.1%三氟乙酸清洗 3 次。再用

10％氨水洗脱修饰肽段，将洗脱液进行收集处理，真空冷冻抽干后按照C18 ZipTips说明书除盐，－80℃保存用于后续LC－MS/MS分析。

3.2.2 酶解产物的LC－MS/MS分析

液相梯度设置：0～40min，3％～19％B；40～52min，19％～29％B；52～56min，29％～80％B；56～60min，80％B，其他操作方法参见如下：

先在离子源（2.0 kv电压）中电离，然后用Q Exactive Plus质谱进行分析，母离子和二次片段用高分辨的Orbitrap进行检测和分析。

从质谱运行中获得的原始数据用MaxQuant软件（version 1.3.0.5）进行检索。搜索过程中酶的指标为胰蛋白酶/p。选择半胱氨酸氨基甲基化为固定修饰，可变修饰为氧化和N端乙酰化的蛋氨酸。使用的搜索参数如下：前驱体离子质量的公差为20ppm，片段离子质量的公差为0.5Da，主搜索的公差为6ppm。使用与Maxquant集成的Andromeda搜索引擎进行串联质谱分析，并在UniProt数据库（uniprot _ Alicyclobacillus acidoterreliis－4110－20160929.fasta）上的目标数据库运行。肽段长度的最小截止点设为7个氨基酸，允许有两个未切割的肽段。

肽、蛋白FDR（错误发现率）控制在0.01。鉴定需要至少一个独特序列的肽段。利用Maxquant软件将已验证的肽段分组为单个蛋白簇。数据之间进行特征匹配，保留窗口时间设为2分钟，启用无标签量化（LFQ）功能。将多肽.txt和蛋白组.txt文件的肽段和蛋白组最大定量结果导入Perseus软件（version1.5.1.6）进行后续分析。

3.2.3 生物信息学分析

将鉴定到的磷酸化修饰位点对应蛋白利用Eggnog－mapper软件（v2.0）进行GO注释。利用KAAS在线注释工具和KEGG Mapper分析工具，依据前期筛选到的磷酸化修饰位点对应蛋白构建分子调控网络，以得到清晰简明的KEGG富集分布气泡图。

大规模的修饰组学实验可以在一次实验中鉴定出数千个蛋白质翻译后修饰位点，了解引起这些修饰的潜在生物学过程是磷酸化蛋白质组学的重要研究方面。例如，了解酶对其底物的偏好性可以帮助阐明它们涉及的生物途径。由于酶对给定底物的部分生化偏好可能是由修饰位点周围的残基决定的，因此生物化学家将研究重点放在确定引起特定酶-底物相互作用的关键相邻残基上，这种蛋白或多肽序列形成的特定残基模式称为基序(Motif)。本研究使用基于 Motif - x 算法的 MoMo 分析工具来分析修饰位点的基序特征。参数要求如下：特征序列形式的肽段数量大于 20，且统计学检验 p 值小于 0.000 001。

3.2.4 数据处理和统计分析

处理组和对照组的差异显著性分析利用统计软件 SPSS（Version 11.0）中的配对 t 检验进行。显著性差异水平设置为 $p<0.05$ 或 $p<0.01$。

3.3 结果与分析

3.3.1 热胁迫下磷酸化修饰蛋白质的鉴定与定量

将热处理后的酸土脂环酸芽孢杆菌进行了磷酸化修饰蛋白质组学分析，共鉴定到 380 个蛋白上的 805 个磷酸化修饰位点，其中 280 个蛋白的 509 个位点具有定量信息。依据 Localization probability＞0.75 的筛选标准，最终鉴定到位于 351 个蛋白上的 635 个磷酸化修饰位点，其中 269 个蛋白的 460 个位点包含定量信息。将该数据用于后续的生物信息学分析。

3.3.2 热应激相关差异蛋白筛选

以差异修饰水平变化大于 1.5 倍作为显著上调，小于 1/1.5 倍作为显著下调为筛选标准，热处理组中 44 种蛋白 55 个位点的磷酸化水平发生了显著的变化，有 32 个位点（丝氨酸、苏氨酸和酪氨酸的磷酸化修饰比为 13∶15∶4）的修饰水平发生上调，23 个位点（丝氨酸、苏氨酸和酪氨酸的磷酸化修饰比为 17∶5∶1）的修饰水平发生下调（表 3 - 1）。磷酸化修饰水平显著上调的蛋白主要有延伸因子 *tuf*、磷酸甘油酸变位酶、30S 核糖体蛋白、RNA 解旋酶、蛋白质转位酶亚基 *SecA* 和 *yidC*、磷酸氨基葡萄糖变位酶、芽孢形成蛋白 A、丙酮酸激酶、ABC 转运蛋白渗透酶等；

磷酸化修饰水平显著下调的蛋白有核苷二磷酸激酶、半胱氨酸合成酶、双组分系统产孢传感器激酶 A、分子伴侣蛋白 DnaK、GTP-感应转录多效性阻遏子 Cody、Clp 家族蛋白酶、细胞分化蛋白 ZapA、转录延伸因子 *GreA*、转录终止/抗终止蛋白 NusG 等。

表 3-1 差异蛋白相关信息

基因名称	蛋白名称	位点	氨基酸	比值
tuf	延伸因子 Tu	377	S	7.747
N007_03770	磷酸甘油酸变位酶	196	S	5.594
rpsE	30S 核糖体蛋白 S5	16	S	5.384
N007_06805	RNA 解旋酶	2	S	4.969
tuf	延伸因子 Tu	229	T	4.471
SecA	蛋白质转位酶亚基 *SecA*	591	T	3.988
rpsI	30S 核糖体蛋白 S9	43	T	3.755
N007_06630	蛋白质转位酶亚基 *yidC*	116	T	3.733
glmM	磷酸氨基葡萄糖变位酶	2	S	3.611
N007_14990	未知蛋白	239	T	3.464
gpmI	2，3-二磷酸甘油酸变位酶	74	S	2.932
N007_14990	未知蛋白	243	T	2.895
N007_03610	芽孢形成蛋白 A	271	S	2.875
N007_14500	谷氨酸脱氢酶	280	T	2.564
N007_21270	ABC 转运蛋白渗透酶	526	T	2.501
N007_05905	丙酮酸激酶	537	T	2.428
N007_06630	蛋白质转位酶亚基 *yidC*	336	T	2.374
menB	1，4-二羟基-2-萘甲酰辅酶 A 合成酶	84	Y	2.362
N007_14545	30S 核糖体蛋白 S1	347	S	2.133
N007_20935	乙二醛还原酶	83	T	2.007
N007_14500	谷氨酸脱氢酶	277	S	1.974
N007_14735	接受甲基趋化性蛋白	316	T	1.902
N007_10430	超氧化物歧化酶	34	T	1.887
tuf	延伸因子 Tu	77	Y	1.878
tuf	延伸因子 Tu	88	Y	1.816

（续）

基因名称	蛋白名称	位点	氨基酸	比值
N007_19925	乙酰辅酶 A 脱氢酶	2	S	1.766
N007_01705	6-磷酸葡萄糖酸脱氢酶	242	S	1.788
N007_03165	NAD 依赖性脱水酶	334	Y	1.633
tuf	延伸因子 Tu	9	S	1.617
N007_01855	接受甲基传感器结构域蛋白	203	T	1.598
N007_01705	6-磷酸葡萄糖酸脱氢酶	277	T	1.571
N007_03040	谷氨酸脱氢酶	280	S	1.516
N007_08970	含重复序列蛋白	36	S	0.647
ndk	核苷二磷酸激酶	93	T	0.625
accD	乙酰辅酶 A 羧化酶羧基转移酶	259	T	0.65
N007_16190	细胞分化蛋白 ZapA	27	S	0.634
clpX	ClpX 蛋白酶	269	S	0.631
GreA	转录延伸因子 *GreA*	45	S	0.609
N007_02625	转醛醇酶	168	S	0.606
codY	GTP-感应转录多效性阻遏子 Cody	218	S	0.606
dnaK	分子伴侣蛋白 DnaK	579	S	0.598
nusG	转录终止/抗终止蛋白 NusG	94	S	0.588
moaC	环磷酰胺合成酶	2	S	0.58
N007_21015	merR 型转录调控蛋白	98	T	0.577
sat	硫酸腺苷转移酶	194	T	0.558
N007_12235	未知蛋白	82	S	0.541
pyrE	乳清酸磷酸核糖转移酶	200	S	0.517
N007_14990	未知蛋白	395	S	0.502
N007_11495	双组分系统产孢传感器激酶 A	2	S	0.495
ndk	核苷二磷酸激酶	51	Y	0.491
N007_01560	氧-甲氧基转移酶	141	S	0.459
N007_12235	未知蛋白	175	S	0.456
N007_19330	半胱氨酸合成酶	210	S	0.397
rpsC	30S 核糖体蛋白 S3	212	T	0.199
ndk	核苷二磷酸激酶	45	S	0.077

3.3.3　生物信息学分析

（1）差异磷酸化修饰位点对应蛋白的GO二级注释分类

GO可以用于表述基因和基因产物的各种属性。本研究对差异磷酸化修饰位点对应的蛋白在GO二级注释中的分布进行了统计。结果显示，在生物学进程分类中，差异蛋白主要参与的过程包括细胞过程（36.36%）、代谢过程（34.09%）、生物调节（18.18%）、生长（11.36%）、刺激应答（9.09%）等；细胞组成主要与细胞（38.63%）、细胞内（31.82%）、高分子复合物有关（13.64%）；分子功能主要包括催化活性（27.27%）、结合（25.00%）、结构分子活性（6.82%）、转运活性（4.55%）等（图3-1）。

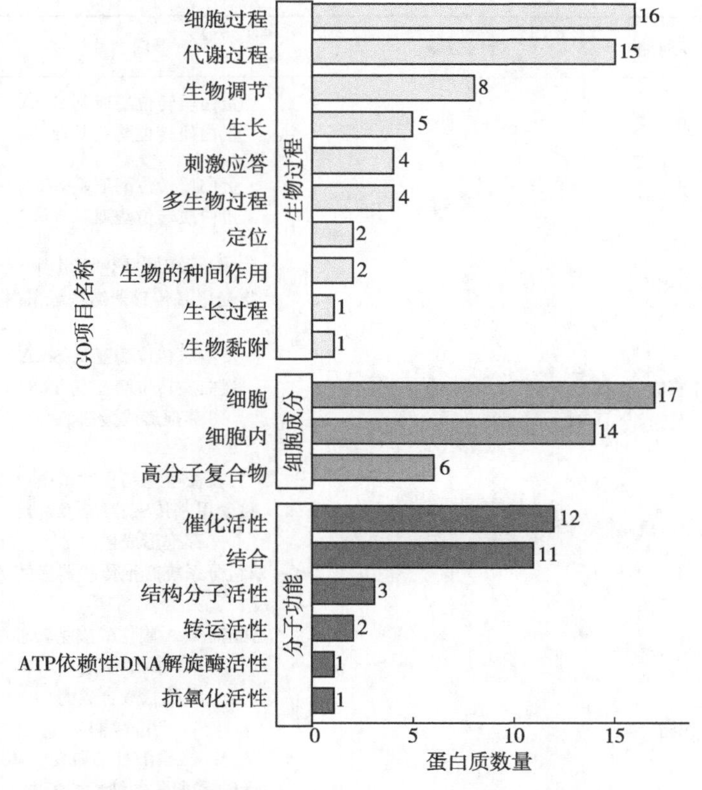

图3-1　差异修饰位点对应蛋白在GO二级分类中统计分布图

（2）差异磷酸化修饰位点对应蛋白的 KEGG 富集分析

KEGG 是系统分析基因功能的知识库，它可以将基因组信息与高阶功能信息联系起来。本研究通过对差异磷酸化修饰位点对应蛋白进行代谢通路富集分析，磷酸化水平差异蛋白分别被富集到了细菌分泌系统、蛋白质输出、细菌趋化性、群体感应、双组分系统、碳代谢、抗生素合成通路、硫代谢、氮代谢、糖酵解及氨基酸代谢通路中。其中，蛋白质转位酶亚基 SecA 蛋白和 YidC 蛋白显著富集到了细菌分泌系统、蛋白质输出和群体感应通路。接受甲基趋化性蛋白、接受甲基传感器蛋白富集到了细菌趋化性、群体感应和双组分系统通路。芽孢形成蛋白 A 富集到了群体感性和双组分系统通路（表 3－2）。

表 3－2　磷酸化修饰差异蛋白参与的 KEGG 分析

KEGG 通路	蛋白数量	蛋白名称
细菌分泌系统	2	蛋白质转位酶亚基 SecA 蛋白质转位酶亚基 YidC
蛋白质输出	2	蛋白质转位酶亚基 SecA 蛋白质转位酶亚基 YidC
细菌趋化性	2	接受甲基趋化性蛋白 接受甲基传感器结构域蛋白
群体感应	3	蛋白质转位酶亚基 SecA 蛋白质转位酶亚基 YidC 芽孢形成蛋白 A
双组分系统	4	接受甲基趋化性蛋白 接受甲基传感器结构域蛋白 芽孢形成蛋白 A 双组分系统产孢传感器激酶 A
碳代谢	7	乙酰辅酶 A 羧化酶羧基转移酶 丙酮酸激酶 半胱氨酸合成酶 转醛醇酶 2，3－二磷酸甘油酸变位酶 6－磷酸葡萄糖酸脱氢酶 磷酸甘油酸变位酶

（续）

KEGG 通路	蛋白数量	蛋白名称
抗生素合成通路	9	乙酰辅酶 A 羧化酶羧基转移酶 丙酮酸激酶 硫酸腺苷转移酶 半胱氨酸合成酶 转醛醇酶 2，3-二磷酸甘油酸变位酶 6-磷酸葡萄糖酸脱氢酶 磷酸甘油酸变位酶 核苷二磷酸激酶
硫代谢	2	硫酸腺苷转移酶 半胱氨酸合成酶
氮代谢	2	谷氨酸脱氢酶
糖酵解	3	磷酸甘油酸变位酶 2，3-二磷酸甘油酸变位酶 丙酮酸激酶
氨基酸代谢	4	谷氨酸脱氢酶 磷酸甘油酸变位酶 2，3-二磷酸甘油酸变位酶

3.4 讨论

酸土脂环酸芽孢杆菌具有嗜酸耐热的双重生理特性，目前的研究结果认为主要与它的细胞膜、蛋白质和遗传物质的热稳定性有关[3,114,115]，但对其耐热机制的研究有待于进一步探索。细菌在长期进化中形成了一系列复杂巧妙的机制，拥有复杂而精密的信号系统，可以感知外界不良环境带来的化学信号和物理信号，并在空间上传递信号进而协调各种反应，产生相应防御反应和生理适应机制而得以生存[116]。蛋白质磷酸化是细胞中几乎所有信号传递途径的中心环节，胞内第二信使产生后，其下游的靶分子一般都是细胞内的蛋白激酶和蛋白磷酸酶，激活的蛋白激酶和蛋白磷酸酶催化相应蛋白的磷酸化或脱磷酸化，从而调控细胞内酶、离子通道、转录因子等的活性来改变细菌的多种生理生化过程，进而增强细菌的环境适应能力。作为细菌中重要的信号转导机制，双组分信号转导系统也是通过组氨酸蛋白激酶（HPK）和响应调节蛋白（RR）的磷酸化和去磷酸化对环境信号作出反应，对温度、pH 及渗透压等多种环境刺激具有调控作用[116,117]。

对产芽孢细菌而言，当遇到高温、低 pH、营养缺乏及低温等环境胁迫时，细胞将形成具有强抗逆性的芽孢[118]。研究发现，以转录因子 Spo0A 作为反应调节蛋白的双组分系统在芽孢形成过程中起关键调控作用[119]。在胁迫环境下，磷酸化的 Spo0A 可识别并结合基因编码序列上游的特定序列进而精确调控产芽孢微生物的生存和繁殖过程[120]。Spo0A 双组分系统不仅能调控产芽孢微生物的芽孢形成过程，还通过直（间）接作用调控芽孢杆菌的热休克蛋白合成[121]、生物膜形成[122]、群体感应系统[123]、脂肪酸代谢[124]等，这些代谢通路均与细胞响应环境热应激密切相关。本研究发现，热胁迫条件下，酸土脂环酸芽孢杆菌 Spo0A 蛋白的磷酸化水平显著上调，推测 Spo0A 双组分系统在该菌响应热应激的信号转导过程中起着重要作用。另外，蛋白质转位酶亚基 SecA 和 YidC 蛋白、接受甲基趋化性蛋白及接受甲基传感器结构域蛋白的磷酸化水平也显著上调。细菌中 1/3 的蛋白质是在合成后被转运到细胞质外才发挥功能的，其中大多数蛋白是通过 Sec 分泌途径进行跨膜运输的。SecA 是细菌特有的具有 ATP 酶活性的蛋白质，通过水解 ATP 为蛋白跨膜运输提供能量，是 Sec 蛋白质转运途径中的“动力泵”[125]。而 YidC 蛋白位于细菌内膜，通常与 Sec 转运复合体合作将蛋白插入内膜。在枯草芽孢杆菌中，*YidC* 基因产物（SpoⅢJ）是转运芽孢发生相关蛋白所必需的。因此，细菌芽孢不仅是抵御恶劣环境的产物，芽孢形成相关蛋白很可能对调控产芽孢微生物具有更好地适应外界胁迫环境的能力密切相关。细菌的蛋白分泌途径对于细菌的信息传递、生存和生长发育都起到了至关重要的作用。为了适应外界环境，细菌向外分泌一些蛋白质，在细胞间信号传递、增殖、分化等过程中起着重要作用[126]。基于上述研究结果，推测 SecA 和 YidC 蛋白可能与酸土脂环酸芽孢杆菌在热胁迫条件下的芽孢形成密切相关，而且分泌的芽孢形成相关蛋白可能在该菌应对热应激的信号传导和群体感应中起着重要作用。尽管产芽孢细菌中许多重要的芽孢形成成分是保守的，但不同属间的调控途径却存在显著差异，甚至体现在种水平上[127,128]。所以，对酸土脂环酸芽孢杆菌来说，转录因子 Spo0A 在该菌热应激过程中主要调控哪些基因和代谢通路，如何调控该菌的嗜酸耐热特性等值得深入研究。

值得注意的是，这些磷酸化水平显著变化的蛋白富集到了 11 个通路，其中蛋白质转位酶亚基 SecA 和 YidC 蛋白分别参与了细菌分泌系统、蛋白质输出及群体感应通路，而 Spo0A 蛋白、接受甲基趋化性蛋白、接受甲基传感器结构域蛋白及双组分系统产孢传感器激酶 A 被富集到了双组分系统，其中接受甲基趋化性蛋白、接受甲基传感器结构域蛋白与细菌趋化性有关，Spo0A 蛋白与群体感应也有关。这些通路中的蛋白具有很高的重叠性，表明这几个通路在酸土脂环酸芽孢杆菌响应高温胁迫过程中存在互作协调关系，但其调控机制需要进一步探索。另外，细菌的碳代谢、氨基酸代谢等细胞内重要代谢途径的蛋白在热应激过程中也发生了显著的磷酸化水平变化，这与大部分细菌在应激时都会通过调控重要代谢途径来适应环境的研究结果是一致的，但细菌是如何感知热应激并进行信号转导调控代谢途径并不清楚。细菌的抗生素合成通路蛋白的磷酸化水平也发生了显著的改变，这与前期差异表达蛋白质组学的研究结果保持一致，可能与高温引起细胞壁合成途径的改变有关。这些通路之间如何互作调控酸土脂环酸芽孢杆菌的热适应性值得深入研究。

3.5 结论

酸土脂环酸芽孢杆菌响应热胁迫的机制涉及了多个信号转导途径与转录调控网络。以抵御和适应高温胁迫。Spo0A 双组分系统在该菌响应热应激的信号转导过程中起着重要作用。蛋白质转位酶亚基 SecA 和 YidC 可能通过调控该菌芽孢形成相关蛋白的合成和运输进而调控该菌适应外界环境的能力，可能与酸土脂环酸芽孢杆菌的嗜酸耐热生理机制密切相关。Spo0A 双组分系统、蛋白分泌系统及群体感应这三个通路中的蛋白具有高度重叠性，表明这几个通路在酸土脂环酸芽孢杆菌响应高温胁迫过程中存在互作协调关系，这些通路之间是如何互作进而调控酸土脂环酸芽孢杆菌的热适应特性值得深入研究。揭示该菌响应热应激的关键通路及信号转导途径，有助于更好地了解嗜酸耐热微生物的独特生理适应机制，对开发靶标抑菌物质和抗逆工业菌研发有着重要意义。

4 酸土脂环酸芽孢杆菌响应酸胁迫的Lable－free 定量蛋白质组学研究

4.1 引言

微生物在适宜的环境中（如丰富的营养物质、合适的温度和 pH 等）可快速生长繁殖，而环境的改变会对微生物产生胁迫作用，抑制其生长，甚至使细胞致死。除了在实验室特定的培养条件下，微生物在自然环境中也常遭遇环境胁迫。大多微生物能感知外来环境胁迫信号并迅速产生应激反应，使其在不良环境中依然保持一定的代谢活性，环境适宜时进行自我修复并能正常生长繁殖[129]。酸应激反应也是一种细胞保护机制，可迅速产生各种酸应激蛋白，以抵抗突然的不利环境。酸土脂环酸芽孢杆菌属于专性嗜酸菌，具有很强的酸逆境适应能力，在环境 pH 高于 6.0 时不能生长繁殖，是污染酸性果蔬汁的主要菌种。研究该菌响应酸应激的分子调控机制，有助于揭示该菌在高酸性果汁中的生长机理，为酸土脂环酸芽孢杆菌危害控制措施研究提供理论和实验依据。

近年来蛋白质组学技术发展迅速，结合质谱鉴定的 Lable－free 等新型蛋白质组学技术可对多个样品中的蛋白质或多肽进行相对或绝对定量，是研究细菌应激反应最直接有效的方法，利用蛋白质组学技术对细菌在胁迫条件下的蛋白表达图谱进行研究已成为细菌应激反应机制研究的新热点。近年来关于酸应激条件下的细菌蛋白质组学研究也日益增多。黄桂东[130]等对短乳杆菌 NCL912（*Lactobacillus brevis*）在酸胁迫下的差异表达蛋白进行研究，发现有 8 种蛋白质的表达量发生了变化，它们分别参与了蛋白质合成、核苷酸合成、糖酵解代谢和细胞能量水平调节等过程，表明酸应激下这些差异表达蛋白质可通过其相应的功能来保护细胞耐受酸胁迫，进而使菌体能够在酸性环境下继续生存增殖。HdeA 和 HdeB 是目前在革兰氏阴性菌细胞周质内发现的唯一的抗酸伴侣系统，HdeA 和 HdeB 基因缺失会影响细菌在低 pH 条件下的生存能力[131,132]。Zhang[133]等利用比较蛋白质组学技术研究了 HdeA 和 HdeB 的整个底物蛋白组，发现其底物特异性受环境 pH 的调控，分别保护不同酸耐受性的蛋白质，说明细菌在抵御不同程度的酸胁迫过程中具有不同的调控机制。

本研究通过非标记定量蛋白组学技术对酸土脂环酸芽孢杆菌响应酸应激的差异蛋白进行筛选，对鉴定出的差异蛋白进行生物信息学分析，解析关键蛋白的分子功能及其参与的代谢途径，从蛋白表达水平揭示酸土脂环酸芽孢杆菌独特的耐酸调控机制，为该菌耐酸特性的深入研究和开发利用等提供重要科学依据。

4.2 试验材料与试剂

4.2.1 菌种

酸土脂环酸芽孢杆菌（*Alicyclobacillus acidoterrestris* DSM 3922^T）：购于德国菌种保藏中心。

4.2.2 培养基

AAM 液体培养基：葡萄糖 2.0g，酵母浸粉 2.0g，$CaCl_2$ 0.38g，KH_2PO_4 1.2g，$MgSO_4 \cdot 7H_2O$ 1.0g，$MnSO_4 \cdot H_2O$ 0.38g，（NH_4）SO_4 0.4g，无菌水定容至 1L，pH 4.0，121℃高压灭菌 30min。

4.2.3 主要试剂

试剂名称	供应商
蛋白酶抑制剂	Merck Millipore
胰蛋白酶	Promega
尿素	Sigma - Aldrich
磷酸化酶抑制剂	Millipore
二硫苏糖醇	Sigma - Aldrich

（续）

试剂名称	供应商
BCA 试剂盒	碧云天
去乙酰化酶抑制剂	MedChemExpress
去泛素化酶抑制剂	Selleck Chemicals
烟酰胺	Sigma - Aldrich

4.2.4 主要仪器与设备

仪器与设备	供应商
全自动灭菌锅	日本 Tomy Digital Biology 公司
电热恒温培养箱	上海一恒科技有限公司
台式离心机（3K30）	德国 Siama 公司
超声仪	宁波新芝生物科技有限公司
漩涡振荡仪	上海琪特分析仪器有限公司
高效液相色谱仪（1260）	美国 Agilent 公司

4.3 实验方法

4.3.1 菌液制备与培养

将－80℃冻存的酸土脂环酸芽孢杆菌芽孢接种于 AAM 液体培养基中，45℃活化培养至对数期，将菌液离心重悬至 pH 为 2.0、2.5、3.0、4.0（对照）的培养基中分别培养 10、20、30、40、50、60min，菌落计数法和扫描电镜法检测酸土脂环酸芽孢杆菌酸处理条件下的细菌活性和菌体形态。

4.3.2 扫描电镜检测菌体形态

取不同时间段的对照组与酸处理组菌液各 1mL 至无菌离心管中，用预冷无菌水清洗 2～3 次，弃掉上清，加入 1mL 2.5%的戊二醛（固定细胞形态）重悬，放置 4℃冰箱 2h 以上（避光），随后取出离心弃上清，加无菌水清洗后进行乙醇梯度洗脱（35%、50%），每次洗脱后均放至冰箱静置10～15min，离心后加入1mL终浓度为50%的乙醇，每个样品吸取10μL至洁净圆形盖玻片上，自然风干，用离子喷镀仪喷金后进行扫描电镜检测。

4.3.3 菌体总蛋白提取和酶解

称取适量样品至液氮预冷的研钵中，加液氮充分研磨至粉末状。各组样品分别加入沉淀4倍体积的裂解缓冲液（8mol/L尿素，1%蛋白酶抑制剂，1%磷酸酶抑制剂，50μmol/L去泛素化酶抑制剂，3μmol/L去乙酰化酶抑制剂，50mmol/L烟酰胺），进行超声裂解。12 000g离心10min，上清液转移至新的灭菌离心管，采用BCA试剂盒测定蛋白浓度。

取等量的各组样品蛋白进行酶解，加入适量标准蛋白，再加入裂解液将各组的蛋白浓度调整一致。缓慢加入终浓度为20%的三氯乙酸，涡旋混匀，4℃沉淀2h。4 500g离心5min，弃上清，用预冷的丙酮洗涤2～3次。晾干沉淀后加入终浓度为200mmol/L的四乙基溴化铵，超声打散沉淀，以1∶50的比例（蛋白酶∶蛋白，*m/m*）加入胰蛋白酶，37℃条件酶解过夜后加入二硫苏糖醇使其终浓度为5mmol/L，在56℃条件还原30min，最后加入碘乙酰胺使其终浓度为11mmol/L，室温条件下避光孵育15min。

4.3.4 酶解产物的LC-MS/MS分析

将肽段用0.1%（*V/V*）HCOOH的水溶液进行溶解，使用超高效液相系统进行液相梯度分离。条件如下：流动相A：0.1% HCOOH，2% C_2H_3N；流动相B：0.1% HCOOH，90% C_2H_3N。液相的梯度设置分别是：0～40min（3%～19%B）；40～52min（19%～29%B）；52～56min（29%～80%B）；56～60min（80%B），流速设置为400nL/min。其他操作参见3.2.2。

从质谱运行中获得的原始数据用MaxQuant软件（Version 1.3.0.5）进行检索。搜索过程中酶的指标为胰蛋白酶/p。选择半胱氨酸氨基甲基化为固定修饰，可变修饰为氧化和N端乙酰化的蛋氨酸。使用的搜索参数如下：前驱体离子质量的公差为 20mg/kg，片段离子质量的公差为 0.5Da，主搜索的公差为 6mg/kg。使用与 Maxquant 集成的 Andromeda 搜索引擎进行串联质谱分析，并在 UniProt 数据库（uniprot_*Alicyclobacillus acidoterreliis* - 4110 - 20160929. fasta）上的目标数据库运行。肽段长度的最小截止点设为 7 个氨基酸，允许有两个未切割的肽段。

肽、蛋白 FDR（错误发现率）控制在 0.01。鉴定需要至少一个独特序列的肽段。利用 MaxQuant 软件将已验证的肽段分组为单个蛋白簇。数据之间进行特征匹配，保留窗口时间设为 2min，启用无标签量化（LFQ）功能。将多肽 . txt 和蛋白组 . txt 文件的肽段和蛋白组最大定量结果导入 Perseus 软件（Version 1.5.1.6）进行后续分析。

4.3.5 蛋白组学数据的生物信息学分析

生物信息学分析主要包括 GO、KEGG 分析等。Gene Ontology（GO）分析是一种可以将基因与基因产物的各项信息紧密联系在一起，进而提供统计学信息的生物信息学分析方法。按细胞组分（Cellular Component）、分子功能（Molecular Function）及生物过程（Biological Process）三个功能作用对差异表达蛋白进行分类，同时列出 DEPs 在 GO 分析中的显著性水平及 GO 富集到的蛋白。

本研究将鉴定的差异表达蛋白的分子功能，根据 GO 注释及其生物学功能进行分类。Kyoto Encyclopedia of Genes and Genomes（KEGG）是了解高级功能和生物系统，从分子水平信息，尤其是大型分子数据集生成的基因组测序和其他高通量实验技术的实用程序数据库资源。KEGG 利用图形来说明代谢途径及各途径之间的关系，使得要探索的代谢途径有一个直观全面的了解。本研究中通过 KEGG 将鉴定到的差异表达蛋白进行 BLAST 比对（Blastp，Evalue≤1e - 4），选取得分（Score）最高的比对结果进行注释。

4.3.6 数据处理和统计分析

每个样品设置 3 次生物学重复和 3 次技术重复。处理组和对照组的差异显著性分析利用统计软件 SPSS（Version 11.0）中的配对 t 检验进行。

显著性水平设置为 $p<0.05$ 或 $p<0.01$。

4.4 结果与分析

4.4.1 酸胁迫对酸土脂环酸芽孢杆菌存活率及菌体形态的影响

在低于酸土脂环酸芽孢杆菌最适生长 pH 的条件下对该菌进行酸胁迫处理，从图 4-1 可以看出，当酸土脂环酸芽孢杆菌从 pH 4.0 条件下（对照）转移到 pH 3.0 条件下培养时，酸土脂环酸芽孢杆菌能够继续生长繁殖，但活菌总数比 pH 4.0 条件下有所降低。在 pH 2.5 和 pH 2.0 条件下培养时，酸土脂环酸芽孢杆菌活菌总数直接下降，表明该菌受到了酸胁迫。在 pH 2.5 胁迫条件下培养 20min，酸土脂环酸芽孢杆菌活菌数降低幅度较小，与对照组相比无显著变化，在 pH 2.0 胁迫条件下处理 20min 时，活菌数则显著减少了 1.47lg（cfu/mL）（$p<0.01$）。

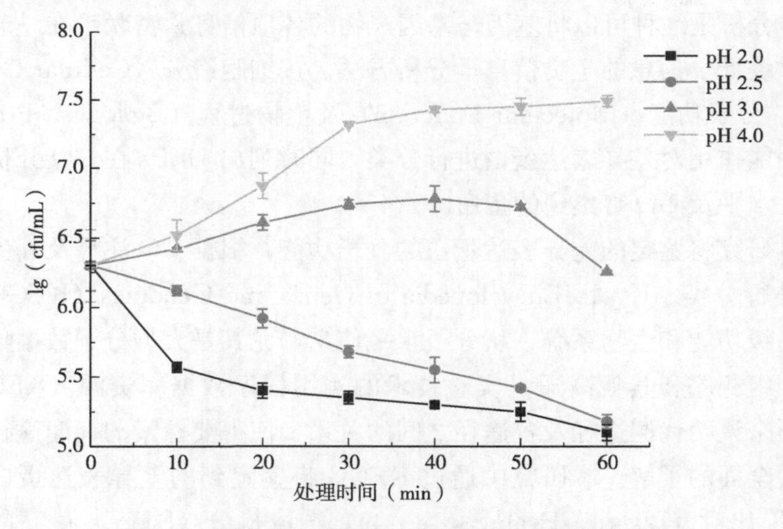

图 4-1 酸土脂环酸芽孢杆菌在酸胁迫下的存活曲线

为进一步检测酸土脂环酸芽孢杆菌的菌体存活状态，将对照组菌体和 pH 2.0、2.5、3.0 条件下分别处理 20min 和 30min 的菌体进行了扫描电子显微镜检测。由图 4-2 可知，对照组菌体表面光滑，呈明显杆状，无褶皱。pH 3.0 酸处理 20min 和 30min 的菌体与对照组相比菌体形态无明显差异，pH 2.0 处理 20min、30min 以及 pH 2.5 处理 30min 时大部分菌体出现凹陷及皱缩现象。从菌体存活率和菌体形态变化推测，酸土脂环酸芽孢杆菌在 pH 2.5 条件下酸处理 20min 时菌体呈存活状态且细胞中的蛋白表达可能发生了一定的变化。因此，本研究选择 pH 2.5，处理 20min 的样品进行下一步的蛋白组学分析。

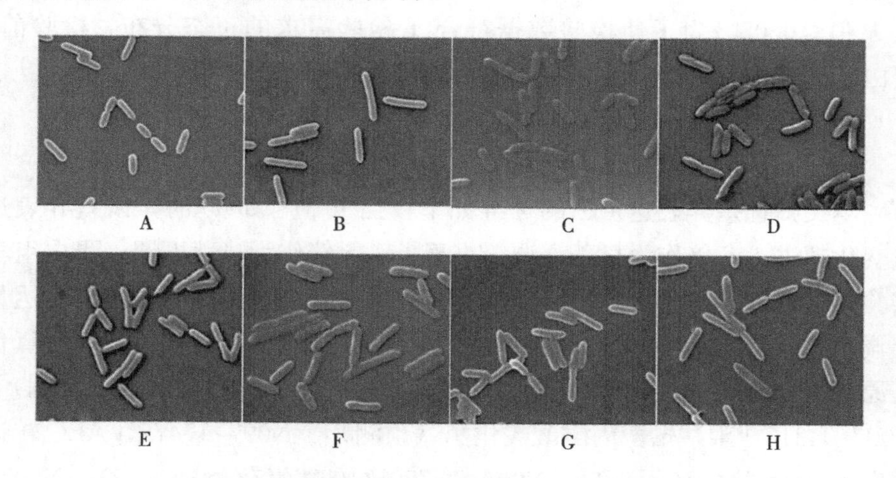

图 4－2　酸胁迫下酸土脂环酸芽孢杆菌菌体形态

A、B. pH 4.0（对照）20min、30min　C、D. pH 2.0　20min、30min

E、F. pH 2.5　20min、30min　G、H. pH 3.0　20min、30min

4.4.2　酸土脂环酸芽孢杆菌酸胁迫下蛋白质的鉴定与定量

在蛋白质组学实验中，质谱分析得到了 374 394 张二级谱图。经蛋白理论数据搜库后，得到有效谱图数为 189 886，谱图利用率为 50.7%。通过谱图解析共鉴定到 18 934 条肽段，其中特异性肽段为 18 754。一共鉴定到 2 021 个蛋白，其中 1 559 个可定量。鉴定到的肽段及可定量的蛋白数量越多，表明检测和鉴定方法越稳定可靠[137]。

4.4.3　酸土脂环酸芽孢杆菌酸胁迫下差异表达蛋白的筛选

蛋白差异分析首先挑出需要比较的样品，计算重复样本蛋白定量平均值，最后计算比较组差异倍数（Fold Change，FC）。计算公式见（4－1）：

$$FC_{A/B,\ k}=Mean(R_{ik},\ i \in A)/Mean(R_{ik},\ i \in B) \quad (4-1)$$

其中，R 表示蛋白相对定量；i 表示样本；k 表示蛋白。

为了判断差异蛋白的显著性，将每个蛋白在两个比较对样品中的相对定量值进行了 T 检验，同时计算相应的 P 值，以此作为显著性指标，默认 P 值≤0.05。为了使检验数据符合 T 检验需求的正态分布，检验前，蛋白相对定量值进行 Log2 对数转换。计算公式见（4-2）：

$$P_{ik}=T.test(Log2(P_{ik},\ i \in A),\ Log2(P_{ik},\ i \in B)) \quad (4-2)$$

本文筛选差异表达蛋白的标准如下：当 P 值<0.05 时，以差异表达量变化超过 1.5 倍作为显著上调，小于 1/1.5 倍作为显著下调。蛋白组学实验共筛选到了 124 个差异表达明显的蛋白质，其中有 27 个蛋白表达量上调，97 个蛋白表达量下调。表达上调的蛋白主要有 N007_13960（氧化还原酶）、*rpsD*（30S 核糖体蛋白 S4）、N007_12090［锌羧肽酶（预测）］、N007_04315［磷酸烯醇丙酮酸羧化酶（预测）］、N007_17475［ABC 转运体底物结合蛋白（预测）］、N007_08750（喹啉氧化酶亚基 2）、N007_19635［细胞色素 D 泛素氧化酶亚基 I（预测）］、N007_11500（F5/8 C 型结构域蛋白）、*pfkA*（ATP 依赖性 6-磷酸果糖激酶）、N007_18390（喹啉氧化酶亚基 1）、N007_14235（含蛋白激酶结构域的蛋白）、N007_10170（Fe/B12 包膜结合域蛋白）、N007_04300［Crp/Fnr 家族转录调节因子（预测）］；表达下调的蛋白主要有 *rpoZ*（DNA 定向 RNA 聚合酶亚单位 omega）、N007_03555［钼合酶硫载体亚基（预测）］、N007_20320［天冬氨酰 tRNA 氨基转移酶（预测）］、N007_10405［丙酰辅酶 A 羧化酶（预测）］、N007_09210（蛋白输出膜蛋白 SecG）、N007_06950（含 DUF448 结构域的蛋白质）、*rpsS*（30S 核糖体蛋白 S19）、*gatC*［天冬酰胺/谷氨酰-trna（Asn/Gln）氨转移酶 C 亚基］等（表 4-1）。

表 4-1　差异表达蛋白信息

基因名称	蛋白描述	A/C 蛋白表达比率	蛋白表达变化
N007_13960	氧化还原酶	6.585 9	上调

（续）

基因名称	蛋白描述	A/C 蛋白表达比率	蛋白表达变化
rpsD	30S 核糖体蛋白 S4	3.123 4	上调
N007_12090	羧肽锌酶	2.933 5	上调
N007_04315	磷酸烯醇丙酮酸羧化酶	2.487 2	上调
N007_17475	ABC 转运体底物结合蛋白	2.413 3	上调
N007_08750	未知蛋白	2.301 4	上调
N007_19635	细胞色素 D 泛醌氧化酶亚基 I	2.190 4	上调
N007_18395	醌氧化酶亚基	2.098 5	上调
N007_11500	含 F5/8 的 C 型结构域蛋白质	1.974 2	上调
N007_05740	未知蛋白	1.953 1	上调
pfkA	ATP 依赖性 6-磷酸果糖激酶	1.831 8	上调
N007_18390	醌氧化酶亚基 1	1.788 5	上调
N007_14235	含蛋白激酶结构域的蛋白质	1.724 4	上调
N007_10170	含 Fe/B12 周质结合域的蛋白质	1.722 2	上调
N007_04300	Crp/Fnr 家族转录调节因子	1.709 8	上调
N007_05625	维生素 B_{12} 依赖性核糖核苷酸还原酶	1.678 1	上调
N007_20445	NADH 脱氢酶	1.622 7	上调
N007_01855	含甲基接受传感器结构域的蛋白质	1.589 3	上调
hemE	尿卟啉原脱羧酶	1.580 5	上调
N007_18350	含有 Usp 结构域的蛋白质	1.565 4	上调
N007_17345	含有 DAO 结构域的蛋白质	1.547 1	上调
N007_10865	含水解酶_4 结构域的蛋白质	1.546 5	上调
rplQ	50S 核糖体蛋白 L17	1.533 4	上调
N007_15845	前咕啉-8X 甲基变位酶	1.524 4	上调
N007_17035	β-N-乙酰-氨基葡萄糖苷酶	1.517 1	上调
N007_16615	含 LYZ2 结构域的蛋白质	1.506 9	上调
N007_08335	铁透性酶	1.502 8	上调
N007_06000	2 型截短的血红蛋白	0.666 2	下调
purE	N5-羧基氨基咪唑核糖核苷酸变位酶	0.665 9	下调

（续）

基因名称	蛋白描述	A/C 蛋白表达比率	蛋白表达变化
N007_04605	八氢番茄红素合成酶	0.665 8	下调
thiG	噻唑合酶	0.664 6	下调
N007_03340	含罗丹素结构域的蛋白质	0.657 9	下调
acpP	酰基载体蛋白	0.656 5	下调
N007_18100	未知蛋白	0.655 5	下调
N007_17585	含 Methyltransf_25 结构域的蛋白质	0.655 4	下调
pcp	吡咯烷羧酸肽酶	0.655 3	下调
N007_05165	未知蛋白	0.655 1	下调
N007_00510	血红素生物合成蛋白 HemY	0.654 3	下调
nusB	转录反终止蛋白 NusB	0.654 3	下调
apt	腺嘌呤磷酸核糖基转移酶	0.652 9	下调
msrB	肽甲硫氨酸亚砜还原酶 MsrB	0.652	下调
N007_03200	金属结合蛋白	0.651 6	下调
queF	NADPH 依赖性 7 氰基- 7 脱氮杂胍还原酶	0.650 9	下调
N007_09865	转录调控因子	0.649 8	下调
N007_14640	生物素附着蛋白	0.648 8	下调
infA	翻译起始因子 IF- 1	0.648 5	下调
N007_04220	含有 HTH marR 型结构域的蛋白质	0.644 9	下调
N007_04480	细胞质蛋白	0.643	下调
N007_09595	未知蛋白	0.640 9	下调
carA	氨甲酰磷酸合酶	0.636 8	下调
N007_12230	含 Nudix 水解酶结构域的蛋白质	0.635 6	下调
N007_00830	渗透压诱导蛋白 C	0.634 1	下调
clpP	ATP 依赖性 Clp 蛋白酶蛋白水解亚基	0.626 5	下调
cysC	腺苷酰硫酸激酶	0.620 5	下调
N007_04110	琥珀酸脱氢酶细胞色素 B558	0.619 7	下调
aroA	3 -磷酸莽草酸 1 -羧乙烯基转移酶	0.619 6	下调
N007_14230	PhzF 家族吩嗪生物合成蛋白	0.616	下调

（续）

基因名称	蛋白描述	A/C 蛋白表达比率	蛋白表达变化
N007_08360	氧化还原酶	0.615 8	下调
lysA	庚二酸脱羧酶	0.615 7	下调
dapF	庚二酸异构酶	0.614 6	下调
N007_00625	含 PG_binding_2 结构域的蛋白质	0.607 5	下调
N007_15420	3-酮酰基-ACP 还原酶	0.606	下调
N007_06350	冷休克蛋白	0.604 7	下调
N007_00120	转录调控因子	0.601 9	下调
murA	乙酰氨基葡萄糖-1-羧基乙烯基转移酶	0.601 1	下调
N007_14855	含铁蛋白结构域的蛋白质	0.599 9	下调
mgsA	甲基乙二醛合成酶	0.597 3	下调
pyrC	氨甲酰天冬氨酸脱水酶	0.597 2	下调
panD	天冬氨酸 1-脱羧酶	0.596 8	下调
fabZ	3-羟基酰基-[酰基载体蛋白] 脱水酶 FabZ	0.596 2	下调
N007_14385	假定的转运子 YrhG	0.595 6	下调
rpmA	50S 核糖体蛋白 L27	0.592	下调
nadK	NAD 激酶	0.590 4	下调
atpC	ATP 合成酶 εc	0.588 2	下调
N007_01920	XRE 家族转录调控因子	0.584 8	下调
N007_20765	ATP 酶	0.583 6	下调
rbsK	核糖激酶	0.579 9	下调
pyrR	双功能蛋白 PyrR	0.568 6	下调
nusG	转录终止/抗终止蛋白 NusG	0.563 4	下调
N007_02965	天冬氨酸转氨甲酰酶	0.563 3	下调
N007_09685	含 ACT 结构域的蛋白	0.563 1	下调
N007_10330	未知蛋白	0.562	下调
N007_18030	含 Peripla_BP_4 结构域的蛋白	0.561	下调
speH	S-腺苷甲硫氨酸脱羧酶前酶	0.559 3	下调
N007_00660	含 4HBT 结构域的蛋白 4	0.554 7	下调

（续）

基因名称	蛋白描述	A/C 蛋白表达比率	蛋白表达变化
dut	5′-三磷酸脱氧尿苷核苷水解酶	0.552 3	下调
ispF	2-c-甲基-d-赤藓糖醇 2，4-环二磷酸合酶	0.541 6	下调
rpoE	可能的 DNA 导向的 RNA 聚合酶亚基	0.541 2	下调
aroQ	3-脱氢奎尼酸脱水酶	0.528 9	下调
rpsT	30S 核糖体蛋白 S20	0.526 1	下调
N007_15215	UPF0291 蛋白	0.524 9	下调
rpsF	30S 核糖体蛋白 S6	0.524 1	下调
N007_00310	类核相关蛋白	0.523 8	下调
greA	转录延伸因子 GreA	0.519 1	下调
N007_15350	硫氧还蛋白	0.511 9	下调
N007_03865	核糖体蛋白	0.507 7	下调
frr	核糖体再循环因子	0.504 7	下调
groS	分子伴侣蛋白	0.502 7	下调
N007_12280	硫氧还蛋白	0.497 8	下调
N007_00650	2-脱氧-D-葡萄糖酸 3-脱氢酶	0.493 1	下调
N007_17550	通透酶	0.492 8	下调
N007_20845	未知蛋白	0.490 9	下调
N007_09790	含 HMA 结构域的蛋白	0.487 5	下调
rplX	50S 核糖体蛋白 L24	0.483 5	下调
N007_10275	肌醇-1-单磷酸酶	0.483 4	下调
N007_08800	UPF0340 蛋白	0.480 3	下调
N007_00170	内切核糖核酸酶	0.478 6	下调
rpsR	30S 核糖体蛋白 S18	0.473 1	下调
N007_11910	UPF0473 蛋白	0.453 5	下调
rpmD	50S 核糖体蛋白 L30	0.443 3	下调
N007_00865	含四联体结构域的蛋白质	0.431 9	下调
N007_18070	肽酶 S53 结构域蛋白	0.428 7	下调
rpmJ	50S 核糖体蛋白 L36	0.406 6	下调

（续）

基因名称	蛋白描述	A/C 蛋白表达比率	蛋白表达变化
dtd	D-氨基酰基- tRNA 脱酰酶	0.403 3	下调
N007_10250	天冬氨酸：质子转运蛋白	0.384 4	下调
rpoZ	DNA 导向的 RNA 聚合酶亚单位 ω	0.384 3	下调
N007_03555	钼杂磷酸盐合成酶硫载体亚单位	0.382	下调
N007_20320	天冬氨酸转氨酶	0.364 1	下调
N007_10405	丙酰辅酶 A 羧化酶	0.348 3	下调
N007_09210	蛋白质输出膜蛋白	0.335	下调
N007_06950	含 DUF448 结构域的蛋白	0.332 4	下调
rpsS	30S 核糖体蛋白 S19	0.332 1	下调
N007_10290	未知蛋白	0.301 7	下调
gatC	天冬氨酸/谷氨酰转氨酶亚基	0.285 5	下调

4.4.4　生物信息学分析

（1）差异蛋白 GO 二级注释分类

为了解析差异蛋白在酸土脂环酸芽孢杆菌酸应激反应调控中的生物学功能，本研究利用 GO 生物信息学分析方法将筛选到的差异表达蛋白从三个不同角度（生物进程、细胞组分和分子功能）进行功能分类。GO 分析结果显示（图 4-3），生物过程主要包括代谢过程（15.00%）、细胞过程（15.00%）、生长（3.46%）、生物调控（3.08%）、刺激应答（1.92%）、定位（1.54%）等；细胞成分中主要与细胞（15.38%）、细胞内区域（13.46%）、高分子复合物（7.31%）等有关；分子功能主要与催化活性（10.38%）、结合（7.31%）、结构分子活性（3.46%）、转运活性（1.54%）、抗氧化活性（0.77%）、分子功能调节（0.04%）等有关。

（2）差异表达蛋白代谢通路富集分析

将差异表达蛋白进行 KEGG 通路富集分析，富集得到的 p 值以气泡图形式展现差异表达蛋白显著富集（$p<0.05$）的功能分类和通路。纵坐标表示功能分类或通路，横坐标的数值表示差异表达蛋白在对应功能

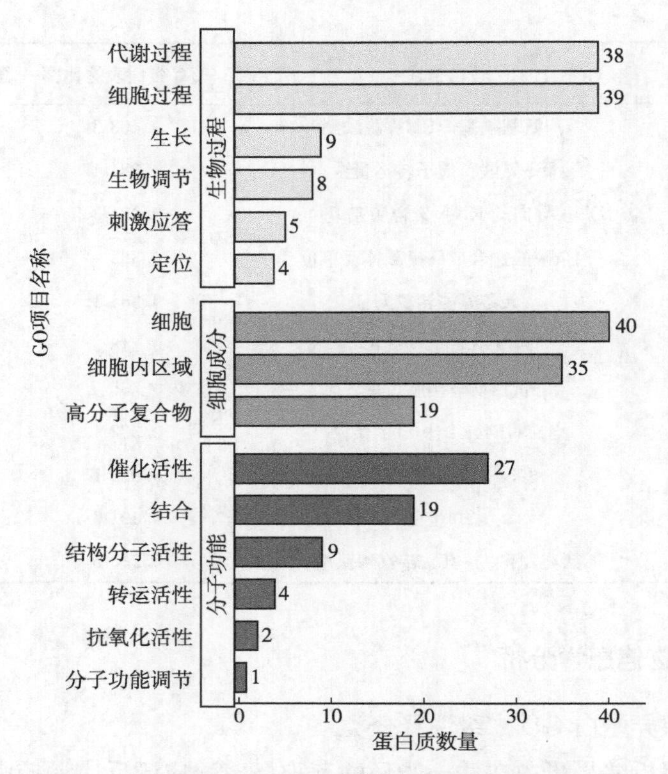

图 4-3　差异表达蛋白在 GO 二级分类中统计分布图

类型中占比与鉴定蛋白占比的变化倍数的 Log2 转换后的数值的比值。圆圈颜色代表富集显著性 p 值，圆圈大小表示功能类或通路中差异表达蛋白的个数。结果表明，这些差异蛋白显著富集到了核糖体通路、嘧啶代谢通路、核糖核酸聚合酶通路及 NOD 样受体信号通路（图 4-4）。通路富集分布气泡图中的差异蛋白 KEGG 通路富集分布的具体信息如表 4-2 所示。其中有 11 个差异蛋白与核糖体通路相关，上调蛋白有 2 个，分别为 rpsD（30S 核糖体蛋白 S4）和 rplQ（50 核糖体蛋白 L17）；下调蛋白有 9 个，分别为 rpmD（50 核糖体蛋白 L30）、rpsS（30S 核糖体蛋白 S19）、rpsR（30S 核糖体蛋白 S18）、rpsT（30S 核糖体蛋白 S20）、rpmA（50 核糖体蛋白 L27）、rplX（50 核糖体蛋白 L24）、rpsF（30S 核糖体蛋白 S6）、rpmJ（50 核糖体蛋白 L36）、rplR（50 核糖体蛋白 L18。6 个差异蛋白富集到了嘧啶代谢通路，上调蛋白有 1 个，为 N007_05625（依赖维生素 b12 的核糖核苷酸还原酶）；下调蛋白有 5 个，分别为 pyrC（二氢乳清酸酶）、pyrR（双功能蛋白 PyrR）、N007_02965［天冬氨酸氨甲酰转移酶（预测）］、dut（脱氧尿苷 5′-三磷酸核苷酸水解酶）、carA（氨甲酰磷酸合酶小链）。

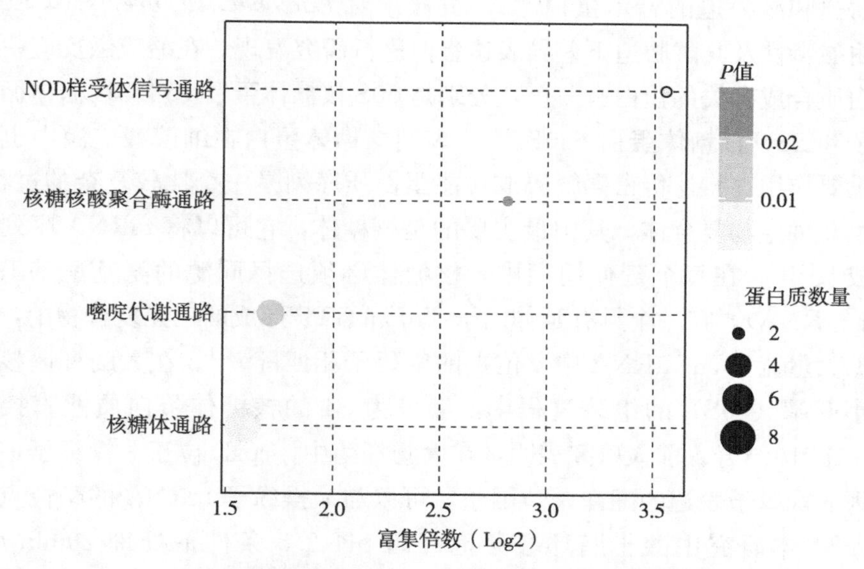

图 4－4　差异表达蛋白在 KEGG 通路中富集分布气泡图

表 4－2　差异蛋白 KEGG 通路富集分布

KEGG 通路	蛋白数量	P 值（－log10）	相关蛋白
核糖体（map03010）	11	3.12	rpmD、rpsS、rpsR、rpsT、rpmA、rpsD、rplQ、rplX、rpsF、rpmJ、rplR
嘧啶代谢（map00240）	6	2.01	pyrc、pyrR、N007 _ 02965、dut、N007_05625、carA
NOD 样受体信号通路（map04621）	2	1.84	N007_15350、N007_12280
RNA 聚合酶（map03020）	2	1.35	rpoE、rpoZ

4.5 讨论

对酸胁迫条件下酸土脂环酸芽孢杆菌蛋白质组学进行研究，有助于了解酸土脂环酸芽孢杆菌的嗜酸性及其分子机制。核糖体蛋白曾被认为是对热胁迫和冷胁迫的指示蛋白[138]。黄桂东对 *Lactobacillus brevis* NCL912 的耐酸特性及其酸胁迫下差异表达蛋白进行研究发现，在酸应激反应中与蛋白质合成有关的蛋白有 3 个，分别是 50S 核糖体蛋白 L10、核糖体循环因子和 SSU 核糖体蛋白 S30P[139]。表明核糖体蛋白在细菌酸应激中也发挥重要作用。将遗传密码解码成功能蛋白质序列是一个比较复杂的过程，涉及几种生物复合体，其中最主要的是核糖体，它可以将 mRNA 序列解码成肽[140]。在每个延伸周期中，核糖体必须选择同源的氨基酰基 trna (aa - tRNA)，在一个具有延伸因子 Tuf 和 GTP 形成的三元复合物中，与占据大量竞争 aa - tRNA 中 a 位点的密码子相匹配[141]。在大肠杆菌核糖体小亚基（30S）的组装过程中，编号为 S4 的核糖体蛋白质能直接与 16S rRNA结合。前人研究表明，在大肠杆菌中，rpsD 位于 α 操纵子，S4 作为 α 操纵子表达的翻译调节因子，可以与 α 操纵子 mRNA 的靶位点结合[142]。本研究中酸土脂环酸芽孢杆菌 pH 2.5 条件下处理 20min 后，rpsD（30S 核糖体蛋白 S4）表达水平显著高于对照组，说明该核糖体蛋白与酸土脂环酸芽孢杆菌酸应激下的生长密切相关，可能参于其翻译调控过程。

研究发现，大多数热休克蛋白包括分子伴侣和依赖于 ATP 的蛋白酶两类。分子伴侣具有保证多肽正确折叠或组装的功能，有些热休克蛋白可以识别错误折叠的蛋白质，并将它们标记上泛素，以供蛋白酶体降解[143]，在应激条件下，蛋白酶可以通过泛素—蛋白酶体通路将那些不能恢复正确三维结构的蛋白质降解，清除严重受损的蛋白质，以较好地维持菌体内环境的稳定性[144]。本研究发现，酸土脂环酸芽孢杆菌经酸处理后，N007_19635［细胞色素 D 泛素氧化酶亚基 I（预测）］的蛋白表达量显著上调，推测在酸胁迫下，该蛋白可能参与了酸土脂环酸芽孢杆菌体内变性蛋白的复性和降解，以缓解酸胁迫时对细胞造成的伤害。据报道，不同类型的

ABC 转运体可以转运不同的底物，ABC 家族的蛋白质不仅参与物质的跨膜运输，也参与除转运以外的其他功能，如 mRNA 转录及 DNA 损伤修复等[145,146]。文永平蛋白组学分析发现，副猪嗜血杆菌氧化应激后 ABC 转运体底物结合蛋白和 DNA 重组修复蛋白 RecA 等显著上调，表明这些蛋白可能在副猪嗜血杆菌抵抗外源性氧化压力的调控过程中发挥重要作用[147]。乌日娜从蛋白质组水平上对 *L. casei* Zhang 耐酸特性进行了系统研究，发现酸胁迫下 ABC 型多药物运输系统在 *L. casei* Zhang 的稳定期高度表达，推测其在 *L. casei* Zhang 稳定期的增强可能与低 pH 环境有关[148]。而本研究中 N007_17475（ABC 转运体底物结合蛋白（预测））的蛋白表达量也发生上调，推测该蛋白对酸土脂环酸芽孢杆菌酸性环境中的生长至关重要，在酸胁迫反应中发挥着一定的生物学功能。

通过生物信息学分析发现，上述差异表达蛋白显著富集到了四条通路，分别为核糖体通路、嘧啶代谢通路、核糖核酸聚合酶通路及 NOD 样受体信号通路。而核糖体通路中 rpsD（30S 核糖体蛋白 S4）表达量显著上调，这与 GO 分析结果一致。核糖核苷酸还原酶广泛存在于各种生物中，是 DNA 合成和修复的关键酶和限速酶，是研究 DNA 合成与修复、细胞增殖与分化的重要靶点[149]。研究发现，*E. coli* 和毕赤酵母的核糖核苷酸还原酶的基因表达与细胞周期密切相关[150]。本研究嘧啶代谢通路中 N007_05625（依赖维生素 b_{12} 的核糖核苷酸还原酶）上调，因此推断酸土脂环酸芽孢杆菌在酸应激反应中可能通过依赖维生素 b_{12} 的核糖核苷酸还原酶调节 DNA 的重组与修复，以减免细胞损伤。天冬氨酸氨基甲酰转移酶，也称为天冬氨酸转氨基甲酰酶或 ATCase，催化嘧啶核苷酸生物合成途径的第一步[151]。而嘧啶核苷酸不仅是 DNA、RNA 合成的前体物质，在生物体内多聚糖、糖蛋白和磷脂等多种物质的代谢过程中也发挥重要作用，可以为微生物的生长繁殖提供机体所必需的能量[151]。王妹梅研究发现水稻的嘧啶核苷酸从头合成途径可能参与水稻对非生物胁迫的应答反应[152]。前人用荧光偏振法测定了 lin－benzo－ATP 与 ATCase 之间的相互关系，结果发现，lin－benzo－ATP 的氨基与酶结合位点上的亲核中心之间可以形成氢键，lin－benzo－ATP 可以激活 ATCase[153]。本研究发现，酸处理组样品中的 N007_02965［天冬氨酸氨基甲酰转移酶（预测）］

表达下降，这表明，在酸应激过程中菌体可能通过下调 N007_02965［天冬氨酸氨基甲酰转移酶（预测）］的表达，减少嘧啶核苷酸的生物合成节省能量，以维持细胞正常存活。

4.6 结论

酸土脂环酸芽孢杆菌对酸胁迫的生理生化反应涉及复杂的调控网络。GO 分析表明 124 个酸应激差异蛋白质包括代谢过程（15.00%）、细胞过程（15.00%）、生长（3.46%）、生物调控（3.08%）、刺激应答（1.92%）、定位（1.54%）等生物过程；具有催化（10.38%）、结合（7.31%）、结构分子（(3.46%）、转运（1.54%）、抗氧化活性（0.77%）等分子功能，并参与了细胞（15.38%）、细胞内区域（13.46%）、高分子复合物（7.31%）等细胞组分。

通过深入挖掘差异表达蛋白的生物学功能发现，在酸胁迫下可能通过以下几种途径缓解应激：①rpsD（30S 核糖体蛋白 S4）上调参于翻译调控；②N007_19635［细胞色素 D 泛素氧化酶亚基 I（预测）］和 N007_17475［ABC 转运体底物结合蛋白（预测）］的蛋白表达量显著上调，参与菌体内变性蛋白的复性、降解与 DNA 损伤修复；③嘧啶代谢通路中 N007_05625（依赖维生素 b12 的核糖核苷酸还原酶）上调，调节 DNA 的重组与修复，以减免细胞损伤；④N007_02965［天冬氨酸氨基甲酰转移酶（预测）］表达下降，可能通过节省能量来维持细胞正常存活。

本研究从蛋白水平解析酸应激分子机制，所鉴定到的差异表达蛋白和生物调节代谢通路为进一步开展基因功能分析打下坚实的基础。

5 酸土脂环酸芽孢杆菌响应酸胁迫的磷酸化蛋白质组学研究

5.1 引言

细菌通过感受外界环境变化并适时调整胞内生命活动来适应环境是其能在不利环境下生存的关键。蛋白翻译后修饰可作为一种迅速、有效的信号传导方式参与调控细菌代谢、基因表达、复制等多种生命过程，许多蛋白质的活性受翻译后的修饰作用调节。其中蛋白质的磷酸化是最主要的一种可逆翻译后修饰方式，可以改变蛋白质活性、细胞定位以及与其他蛋白的互作，从而起到调节蛋白质功能的作用。近年来，随着磷酸化修饰富集技术和高分辨率液相色谱—质谱联用技术的快速发展，磷酸化蛋白组学广泛被应用于细菌应激调控机制的研究中。李小波[155]对盐胁迫下的谷子进行磷酸化修饰组学分析，鉴定到的盐胁迫相关的磷酸化修饰蛋白主要参与代谢、转录、翻译、蛋白质加工等调控过程。其中主要通过 ABA 信号转导途径、Ca^{2+} 信号转导途径、抗氧化胁迫信号通路及抗坏血酸合成途径等参与谷子盐胁迫响应过程。细菌酸胁迫响应机制是一个较复杂的过程，酸土脂环酸芽孢杆菌具体的耐酸分子机制尚不清楚，研究蛋白质的磷酸化修饰对于解析专性嗜酸菌中磷酸化信号有关的通路及其响应酸胁迫的信号转导机制非常重要。本书应用蛋白质组学和磷酸化修饰蛋白质组学定量技术，探索该菌酸胁迫后蛋白质及磷酸化蛋白质的变化及代谢通路，结合生物信息学分析参与该菌酸应激调控的关键蛋白，揭示该菌响应酸应激的蛋白调控网络，为深入揭示该菌独特的抗逆机理奠定理论基础。

5.2 试验材料与试剂

5.2.1 菌种

酸土脂环酸芽孢杆菌（*Alicyclobacillus acidoterrestris* DSM 3922^T）：购于德国菌种保藏中心。

5.2.2 培养基

AAM液体培养基：葡萄糖 2.0g，酵母浸粉 2.0g，$CaCl_2$ 0.38g，KH_2PO_4 1.2g，$MgSO_4 \cdot 7H_2O$ 1.0g，$MnSO_4 \cdot H_2O$ 0.38g，（NH_4）SO_4 0.4g，无菌水定容至1L，pH 4.0，121℃高压灭菌 30min。

5.2.3 主要试剂

主要试剂见表5-1。

表5-1 主要试剂

试剂名称	供应商
蛋白酶抑制剂	Merck Millipore
胰蛋白酶	Promega
尿素	Sigma-Aldrich
磷酸化酶抑制剂	Millipore
二硫苏糖醇	Sigma-Aldrich
BCA试剂盒	碧云天
去乙酰化酶抑制剂	MedChemExpress
去泛素化酶抑制剂	Selleck Chemicals
烟酰胺	Sigma-Aldrich
乙腈	ThermoFisher Scientific
三氟乙酸（TFA）	Sigma-Aldrich

5.2.4 主要仪器与设备

主要仪器与设备见表5-2。

表5-2 主要仪器与设备

仪器与设备	供应商
全自动灭菌锅	日本 Tomy Digital Biology 公司
电热恒温培养箱	上海一恒科技有限公司
台式离心机（3K30）	德国 Siama 公司
超声仪	宁波新芝生物科技有限公司
漩涡振荡仪	上海琪特分析仪器有限公司
高效液相色谱仪（1260）	美国 Agilent 公司

5.3 实验方法

5.3.1 菌液制备与培养

将−80℃冻存的酸土脂环酸芽孢杆菌芽孢接种于 AAM 液体培养基中，45℃活化培养至对数期，将菌液离心重悬至 pH 为2.0、2.5、3.0、4.0（对照）的培养基中分别培养10、20、30、40、50、60min，菌落计数法和扫描电镜法检测酸土脂环酸芽孢杆菌酸处理条件下的细菌活性和菌体形态。

5.3.2 富集磷酸化肽段

将肽段溶解在含有50%乙腈/6%三氟乙酸的富集缓冲溶液里，转移上清至洁净的 IMAC 材料中，置于振荡器上室温孵育30min。然后用缓冲溶液50%乙腈/6%三氟乙酸和30%乙腈/0.1%三氟乙酸清洗3次。再用10%氨水洗脱修饰肽段，将洗脱液进行收集处理，真空冷冻抽干后按照 C18 ZipTips 说明书除盐，−80℃保存用于后续 LC-MS/MS 分析。

5.3.3 酶解产物的 LC-MS/MS 分析

液相梯度设置：0～40min，3%～19%B；40～52min，19%～29%B；

52～56min，29%～80%B；56～60min，80%B，其他操作方法参见 3.2.2。

5.3.4 生物信息学分析

将鉴定到的磷酸化修饰位点对应蛋白利用 Eggnog - mapper 软件（v2.0）进行 GO 注释。利用 KAAS 在线注释工具和 KEGG Mapper 分析工具，依据前期筛选到的磷酸化修饰位点对应蛋白构建分子调控网络，以得到清晰简明的 KEGG 富集分布气泡图。

大规模的修饰组学实验可以在一次实验中鉴定出数千个蛋白质翻译后修饰位点，了解引起这些修饰的潜在生物学过程是磷酸化蛋白质组学的重要研究方面。例如，了解酶对其底物的偏好性可以帮助阐明它们涉及的生物途径。由于酶对给定底物的部分生化偏好可能是由修饰位点周围的残基决定的，因此生物化学家将研究重点放在确定引起特定酶-底物相互作用的关键相邻残基上，这种蛋白或多肽序列形成的特定残基模式称为基序（Motif）。本书研究使用基于 Motif - x 算法的 MoMo 分析工具来分析修饰位点的基序特征。参数要求如下：特征序列形式的肽段数量大于 20，且统计学检验 p 值小于 0.000 001。

5.3.5 数据处理和统计分析

每个样品设置 3 次生物学重复和 3 次技术重复。处理组和对照组的差异显著性分析利用统计软件 SPSS（Version 11.0）中的配对 t 检验进行。显著性水平设置为 $p<0.05$ 或 $p<0.01$。

5.4 结果与分析

5.4.1 酸胁迫下磷酸化修饰蛋白质的鉴定与定量

将酸处理后的酸土脂环酸芽孢杆菌进行了磷酸化修饰蛋白质组学分析，共鉴定到 380 个蛋白上的 805 个磷酸化修饰位点，其中 280 个蛋白的 509 个位点具有定量信息。依据 Localization probability＞0.75 的筛选标准，最终鉴定到位于 351 个蛋白上的 635 个磷酸化修饰位点，其中 269 个蛋白的 460 个位点包含定量信息。将该数据用于后续的生物信息学分析。

5.4.2 酸应激相关差异蛋白筛选

基于3.3.2的筛选标准（以差异修饰水平变化超过1.5倍作为显著上调，小于1/1.5倍作为显著下调），酸处理组中31种蛋白34个位点磷酸化水平发生了显著的变化，有16个位点（丝氨酸、苏氨酸和酪氨酸的磷酸化修饰比为10：6：0）的修饰水平发生上调，18个位点（丝氨酸、苏氨酸和酪氨酸的磷酸化修饰比为7：9：2）的修饰水平发生下调（表5-2）。表达上调的修饰位点主要有N007_03770（磷酸甘油酸酯变位酶（预测）、*alaS*（丙氨酸trna连接酶）、*tuf*（伸长因子Tu）、N007_14990（假想蛋白）、N007_03040（谷氨酸脱氢酶）、N007_17700（琥珀酸裂解酶）、*rplI*（50核糖体蛋白L9）、N007_01705（6-磷酸葡糖酸脱氢酶）等；表达下调的修饰位点主要有N007_03105［丝氨酸/苏氨酸蛋白激酶（预测）］、*gpmI*（2，3-二磷酸甘油酸非依赖性磷酸甘油酸变位酶）、N007_19330（半胱氨酸合成酶）、*rpsC*（30S核糖体蛋白S3）、*atpA*（ATP合酶亚单位α）、N007_02735［芽孢杆菌硫醇生物合成脱乙酰酶BshB2（预测）］等。

表5-2 差异蛋白相关信息

基因名称	蛋白描述	A/C蛋白表达比率	蛋白表达变化
N007_03770	磷酸甘油酸变位酶	6.51	上调
alaS	丙氨酸-tRNA连接酶	3.817	上调
tuf	延伸因子Tu	3.13	上调
N007_14990	未知蛋白	2.427	上调
N007_03040	谷氨酸脱氢酶	2.293	上调
N007_17700	腺苷酸琥珀酸裂解酶	2.231	上调
rplI	50S核糖体蛋白L9	1.909	上调
N007_01705	6-磷酸葡萄糖酸脱氢酶	1.894	上调
pyrE	旋转磷酸核糖基转移酶	1.89	上调
sat	硫酸腺苷转移酶	1.773	上调
N007_14500	谷氨酸脱氢酶	1.766	上调
N007_11120	肽酶U32	1.74	上调

（续）

基因名称	蛋白描述	A/C 蛋白表达比率	蛋白表达变化
N007_05905	丙酮酸激酶	1.642	上调
N007_21270	ABC 转运蛋白渗透酶	1.632	上调
N007_06630	蛋白质转位酶亚基	1.566	上调
rplK	50S 核糖体蛋白 L11	1.529	上调
N007_07615	ATP 依赖性 Clp 蛋白酶	0.646	下调
glmU	双功能蛋白 GlmU	0.633	下调
ndk	核苷二磷酸激酶	0.623	下调
N007_02680	含 HPr 结构域的蛋白	0.586	下调
rplN	50S 核糖体蛋白 L14	0.58	下调
N007_04395	短链脱氢酶	0.569	下调
tuf	延伸因子 Tu	0.54	下调
prs	核糖磷酸焦磷酸激酶	0.523	下调
N007_19945	NADPH 依赖性 2，4-二烯-CoA 还原酶	0.49	下调
tuf	延伸因子 Tu	0.485	下调
N007_02680	含 HPr 结构域的蛋白	0.467	下调
N007_02735	杆菌硫醇生物合成脱乙酰酶 BshB2	0.417	下调
N007_19330	半胱氨酸合成酶	0.398	下调
atpA	三磷酸腺苷合成酶亚基 α	0.396	下调
rpsC	30S 核糖体蛋白 S3	0.383	下调
N007_19330	半胱氨酸合成酶	0.373	下调
gpmI	2，3-磷酸甘油酸变位酶	0.349	下调
N007_03105	丝氨酸/苏氨酸蛋白激酶	0.24	下调

5.4.3 生物信息学分析

（1）差异磷酸化修饰位点对应蛋白的 GO 二级注释分类

GO 可以用于表述基因和基因产物的各种属性。本研究对差异磷酸化修饰位点对应的蛋白在 GO 二级注释中的分布进行了统计。结果显示，在生物学进程分类中，差异蛋白主要参与的生物过程包括细胞过程（14.41%）、代谢过程（13.51%）、生长（4.50%）、刺激应答（3.60%）、生物调节（3.60%）等；细胞成分主要与细胞（11.71%）、细胞内区域（9.91%）、高分子复合物有关（5.41%）；分子功能主要包括催化活性（9.91%）、结合（7.21%）、结构分子活性（3.60%）等（图 5-1）。

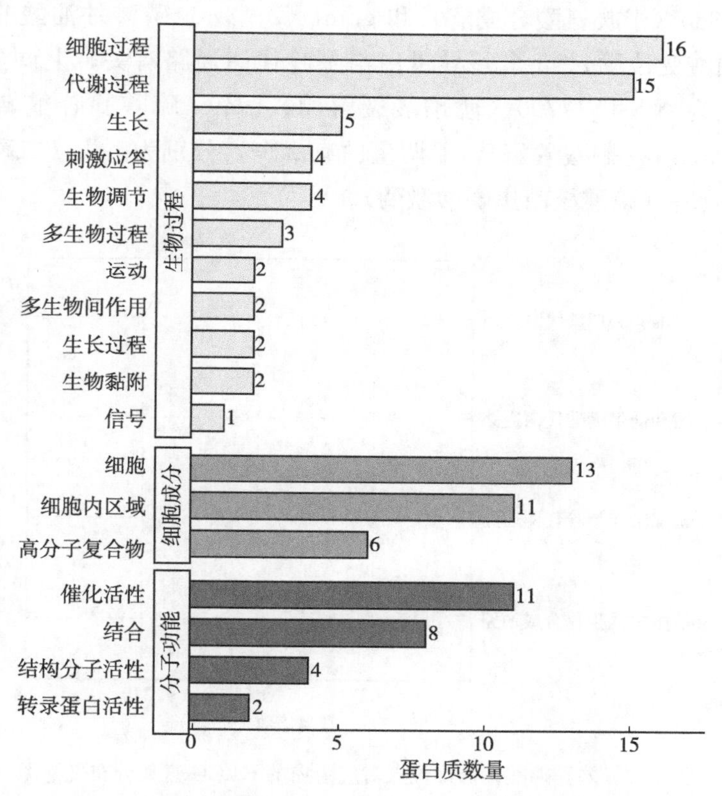

图 5-1 差异修饰位点对应蛋白在 GO 二级分类中统计分布图

（2）差异磷酸化修饰位点对应蛋白的 KEGG 富集分析

KEGG 是系统分析基因功能的知识库，它可以将基因组信息与高阶功能信息联系起来。本研究通过对差异磷酸化修饰位点对应蛋白进行代谢通路富集分析，显著富集到了四条通路，分别为抗生素的生物合成通路、嘌呤代谢通路、牛磺酸和低牛磺酸代谢通路及氮代谢通路（图 5-2）。而差异蛋白主要集中在抗生素的生物合成代谢通路和氮代谢通路（表 5-3），其中有 10 个差异蛋白与抗生素的生物合成通路有关，上调蛋白有 5 个，分别为 N007_03770（磷酸甘油酸酯变位酶（预测））、N007_17700（琥珀酸裂解酶）、N007_01705（磷酸葡萄糖酸脱氢酶）、sat（硫酸腺苷酰转移酶）和 N007_05905（丙酮酸激酶）；下调蛋白有 5 个，分别为 glmU（双功能蛋白 GlmU）、ndk（二磷酸核苷激酶）、prs（磷酸核糖焦磷酸激酶）、N007_19330（半胱氨酸合成酶）和 gpmI（2，3-二磷酸甘油酸非依赖性磷酸甘油酸变位酶）。5 个差异蛋白与嘌呤代谢通路有关，上调蛋白有 3 个，分别为 N007_17700（琥珀酸裂解酶）、sat（硫酸腺苷酰转移酶）、N007_05905（丙酮酸激酶），下调蛋白有 2 个，分别为 ndk（二磷酸核苷激酶）和 prs（磷酸核糖焦磷酸激酶）。

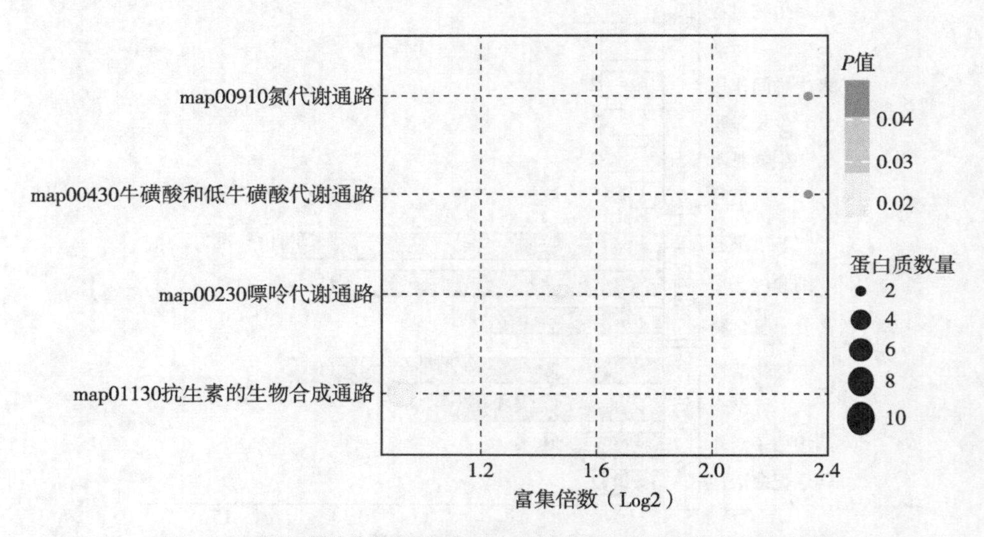

图 5-2　差异磷酸化修饰位点对应蛋白的 KEGG 富集分布气泡图

表 5-3　差异磷酸化修饰位点对应蛋白的 KEGG 通路富集分布

KEGG 通路	蛋白数量	P 值（-log10）	相关蛋白
抗生素合成（map01130）	10	1.77	N007_03770、N007_17700、N007_01705、sat、N007_05905、glmU、ndk、prs、N007_19330、gpmI
嘌呤代谢（map00230）	5	1.67	N007_17700、sat、N007_05905、ndk、prs

（续）

KEGG 通路	蛋白数量	*P* 值（−log10）	相关蛋白
牛磺酸和亚牛磺酸代谢（map00430）	2	1.3	N007_14500、N007_03040
氮代谢（map00910）	2	1.3	N007_14500、N007_03040

（3）蛋白修饰的基序（Motif）分析

蛋白质基序（Motif）分析是对样品中所有磷酸化位点前后氨基酸序列的规律进行统计，总结出发生磷酸化位点区域内氨基酸序列的规律趋势。从中发现修饰的位点序列特征，进而推测或确定与修饰相关的酶。我们利用 Motif - X 对鉴定到的数据进行 Motif 富集分析，共发现了 1 种丝氨酸富集模序序列（表 5 - 4）。以丝氨酸为中心的 Motif 主要是［MS］（x 位置代表不规则氨基酸），而［MS］未查到对应的激酶，很有可能是新的模序序列。

表 5 - 4　磷酸化修饰位点对应蛋白的基序分析

基序	基序得分	前景		背景		提高倍数
		匹配	大小	匹配	大小	
xxxxxM_S_xxxxxx	16.00	43	348	1 613	64 948	5.0

5.5　讨论

酸应激被普遍认为是主要的细胞外刺激，而对酸性条件的适应性是细菌存活的关键，细菌短暂处于酸环境后其蛋白合成模式会发生改变进而产生酸休克蛋白[156]。研究发现，排除质子、碱化细胞外环境、氨基酸脱羧、DNA 和蛋白质修复及细胞壁的变化等可能与酸应激响应有关[157]。据报道，在蛋白质折叠过程中延伸因子（EF - Tu）具有类似于分子伴侣的功能，且氨酰 tRNA - EF - Tu 与核糖体之间相互作用可以提高蛋白翻译的准确性，当面临酸胁迫时，EF - Tu 表达上调可确保多肽的正确折叠或组装[158]，崔岩在研究与变形链球菌耐酸性相关的基因时发现，在酸应激条件下，延伸因子 EF-Tu 参与了蛋白质合成过程中的转录过程[159]。在本研究中，我们鉴定到 EF-Tu 的 3 个磷酸化位点（Ser 34，Thr 229，Thr 29）。其中 Ser 34 和 Thr 229 磷酸化程度上调，Thr 29 磷酸化程度下调。延伸因子（EF-Tu）的多重分子功能及在酸土脂环酸芽孢杆菌抵御酸应激反应时其蛋白表达量的显著变化表明了其在该菌酸应激反应中有着重要作用。研究发现，琥珀酸裂解酶在维持细胞分裂和细胞代谢中具有重要作用[160]。本研究中，我们鉴定到 N007_17700（琥珀酸裂解酶）的一个磷酸化位点（Ser 263），且磷酸化程度上调，推测酸土脂环酸芽孢杆菌菌体可能通过增加 N007_17700（琥珀酸裂解酶）的磷酸化程度来调控酸胁迫逆境。杨佩珊等[161]在乳酸链球菌 *Lactococcus lactis* NZ9000 中过表达与嘌呤代谢有关的用于编码磷酸核糖基氨基咪唑—琥珀酰胺合酶的 *purC* 基因，酸胁迫处理 4h 后重组菌株存活率是对照组的 83.2 倍。结果表明，重组菌株在酸胁迫环境中维持了更高的胞内 ATP，通过为细胞提供能量的方式辅助乳酸乳球菌抵御酸胁迫。而丙酮酸激酶可以将磷酸烯醇式丙酮酸（PEP）的磷酸基转移给 ADP，进而产生 ATP 和丙酮酸。本研究中，抗生素的生物合成通路和嘌呤代谢通路中 N007_05905（丙酮酸激酶）的一个磷酸化位点（Thr 537）的磷酸化程度上调，推测 N007_05905（丙酮酸激酶）磷酸化程度的增加可能会通过供能形式来提高菌体的酸胁迫抗性，为进一步改造抗生素的生物合成和嘌呤代谢途径提高酸土脂环酸芽孢杆菌酸胁迫耐受性提供新思路。一般认为细菌的酸应激反应是指当酸性环境引起的菌体内部平衡发生改变时，细菌会调动各种调节机制来应对酸逆境，以维持菌体细胞的相对稳定[162]。细菌的酸胁迫应答涉及较为复杂的调控网络，维持胞内 pH 平衡的其中一个机制是精氨酸脱氨基酶途径（Arginine Deiminase Pathway，ADI）。当低 pH 和精氨酸同时存在时，精氨酸被逐步降解，产生 NH_3、CO_2 和鸟氨酸（Ornithine）等代谢产物，同时生成 ATP[163,164]。Zhang 等[165]在酸逆境中外源添加精氨酸，结果发现 *L. casei* 存活率明显提高，同时胞内 ATP 浓度和 H^+-ATPase 活性也显著增加。有研究证明，当胞内 ATP 浓度过高时，ATP 通过反馈抑制磷酸核糖焦磷酸氨基转移酶的活性，而使从头合成途径基因的表达下调[166]。这与本研究抗生素生物合成通路和嘌呤代谢通路中，prs（磷酸核糖焦磷酸激酶）蛋白表达下调一致，且鉴定到 prs 的一个磷酸化位点（Thr 177）磷酸化程度显著下降。

5.6　结论

磷酸化蛋白质组学分析表明酸土脂环酸芽孢杆菌中 31 种蛋白的 34 个位点的磷酸化水平与该菌酸应激调控密切相关。GO 注释和 KEGG 通路分析表明，这些差异蛋白主要涉及细胞过程和代谢过程，参与抗生素生物合成通路、嘌呤代谢通路、氮代谢通路及牛磺酸和低牛磺酸代谢通路。蛋白功能分析发现延伸因子 EF - Tu 在酸土脂环酸芽孢杆菌酸应激反应中有着重要作用；通过上调 N007_17700（琥珀酸裂解酶）的磷酸化程度来维持酸应激下的细胞分裂与细胞代谢；N007_05905（丙酮酸激酶）磷酸化程度增加，以供能形式来提高菌体的酸胁迫抗性；酸胁迫下胞内 ATP 浓度显著增加，ATP 通过反馈抑制 prs（磷酸核糖焦磷酸激酶）的活性，促使 prs 蛋白表达下调。这些蛋白质的磷酸化具有异质性，同时磷酸化位点的变化又具有多样性，即同一个蛋白有的位点磷酸化程度增加，有的降低。这种多样化的变化在酸土脂环酸芽孢杆菌酸应激中发挥不同的作用。

本章通过生物信息学系统分析磷酸化蛋白质参与的机体调控机理和途径，从蛋白翻译后修饰水平阐明了酸土脂环酸芽孢杆菌酸应激调控的分子机制，为深入揭示酸土脂环酸芽孢杆菌耐酸机制提供理论和实验依据。

6　热应激关键蛋白互作网络预测与分析

6.1　引言

当环境温度骤然增加时，生物体内产生热应激蛋白，以保护细胞，对生物的抗逆性起重要作用。热应激蛋白广泛存在于细菌中，具有高度保守性，不仅可以保护细胞免受外界刺激，帮助细胞维持正常生理活动，还参与免疫和免疫调节，起到抗细胞凋亡及分子伴侣作用[167]。热应激蛋白在生物体受到热刺激时可迅速增加，一般数分钟，最多30min便达到最高水平。目前，热应激蛋白在生物体热应激过程中的功能已被广泛地研究。

热应激蛋白对提高生物在致死高温下的生存能力至关重要，其功能的发挥并非依靠单个蛋白质的独立作用，蛋白质相互作用是执行功能的主要途径。蛋白互作几乎参与细胞所有的生物过程，包括DNA复制、蛋白折叠、RNA转录等，蛋白互作网络分析可以更好地了解蛋白质的工作原理及蛋白质之间的联系。Cytoscape软件是处理蛋白质连接、遗传相互作用等数据的工具，通过构建分子与蛋白互作网络，分析其中的功能模块，可以更好地理解功能模块参与的生物过程。本书通过STITCH数据库搜索得到热应激蛋白的靶点信息，利用Cytoscape软件构建蛋白互作网络，分析功能模块并进行功能注释，筛选参与热应激生物过程相关的功能模块，为研究酸土脂环酸芽孢杆菌耐热机制提供理论依据。

6.2　试验方法

6.2.1　热应激蛋白靶点信息的获取

根据生物信息学与qRT-PCR结果，筛选出10个酸土脂环酸芽孢杆菌耐热关键蛋白并对其进行网络互作分析，其作用靶点信息来源于蛋白相互作用数据库 STITCH 5.0（http：//stitich. embl. de/）。STITCH 数据库对每一个蛋白质靶点进行打分，分值越高，可信度越高，本书选择 0.7 分以上的数据，除去重复靶点，共获得 30 个靶点信息。

6.2.2 热应激关键蛋白互作网络的构建

蛋白-蛋白互作信息来源于 String 10.0 数据库（https：//string-db. org/）。通过数据库得到靶点的蛋白互作网络图，该网络的蛋白互作信息均为蛋白直接相互作用。String 对每一个蛋白相互作用信息进行打分，分值越高，可信度越高，本书选择 0.7 分以上可信度较高的数据，并将得到的蛋白互作数据导入 Cytoscape 3.6.1，分析每个靶点信息，利用 Merge Internet 工具进行 Union 计算，去除重复边，构建得到酸土脂环酸芽孢杆菌热应激蛋白的互作网络图。

6.2.3 网络模块分析及 GO 注释

MCODE 是一种经典的蛋白质复合物聚类算法，通过 MCODE 可以在最大蛋白质网络中识别检测区域，并进行打分。BinGO 插件可以在基因本位论中对蛋白质进行分类，并进行超几何检验，以 p 值表示同组基因属于同一基因本位的概率。通过 MCODE 和 BinGO 插件对酸土脂环酸芽孢杆菌热应激关键蛋白的互作网络进行模块分析和功能注释，得到各模块在热应激条件下参与的生物过程，并对其进行分析。

6.3 结果与分析

6.3.1 热应激关键蛋白靶点信息

将 10 个酸土脂环酸芽孢杆菌热应激关键蛋白于 STITCH 数据库进行搜索得到其互作蛋白的靶点信息，其信息见表 6-1。

表 6-1　酸土脂环酸芽孢杆菌热应激关键蛋白靶点信息

蛋白名称	靶点基因	Uniprot 号	蛋白名称	靶点基因	Uniprot 号
GrpE	*DnaK*	C8WY46	ClpP	*ClpX*	C8WXN5
	HrcA	C8WY48		*Aaci* - 2740	C8WU02
	GroL	C8WS05		*Aaci* - 0804	C8WU83
	DnaJ	C8WY45		*HrcA*	C8WY48
	Aaci - 2911	C8WV78		*Aaci* - 2743	C8WU05
	Aaci - 0804	C8WU83		*GrpE*	C8WY47
	Aaci - 2740	C8WU02		*RecA*	C8WWM7
	GroS	C8WS04		*DnaK*	C8WY46
	FtsH	C8WQT5		*GroS*	C8WS04
	Aaci - 1845	C8WXN6		*GroL*	C8WS05
DnaJ	*DnaK*	C8WY46	GyrA	*GyrB*	C8WXT1
	GrpE	C8WY47		*Aaci* - 0002	C8WXS8
	PrmA	C8WY44		*RecF*	C8WXT0
	Aaci - 1992	C8WY42		*DnaA*	C8WXS7
	Aaci - 2740	C8WU02		*Aaci* - 0484	C8WSN6
	Aaci - 0804	C8WU83		Aaci - 1087	C8WVK1
	Aaci - 1993	C8WY43		*DnaK*	C8WY46
	HrcA	C8WY48		*RceA*	C8WWM7
	MalE	Q9RHZ6		*RpoB*	C8WTY1
	GroL	C8WS05		*RpsL*	C8WTX8
CtsR	*Aaci* - 2740	C8WU02	GyrB	*GyrA*	C8WXT2
	Aaci - 0804	C8WU83		*Aaci* - 0002	C8WXS8
	Aaci - 2742	C8WU04		*RecF*	C8WXT0
	Aaci - 2741	C8WU03		*DnaA*	C8WXS7
	Aaci - 1845	C8WXN6		*Aaci* - 0484	C8WSN6
	Aaci - 1260	C8WW17		*Aaci* - 1087	C8WVK1
	FtsH	C8WQT5		*DnaK*	C8WY46
	HrcA	C8WY48		*RpoB*	C8WTY1
	ClpX	C8WXN5		*RecA*	C8WWM7
	DnaK	C8WY46		*Aaci* - 1977	C8WY27

（续）

蛋白名称	靶点基因	Uniprot 号	蛋白名称	靶点基因	Uniprot 号
RecA	*Aaci* - 0979	C8WV28	ClpE	*DnaK*	C8WY46
	Aaci - 0342	C8WRJ6		*CtsR*	C8WU05
	Aaci - 2338	C8WRT4		*GrpE*	C8WY47
	Aaci - 2017	C8WQ84		*HrcA*	C8WY48
	Aaci - 1367	C8WWC3		*GroS*	C8WS04
HrcA	*GrpE*	C8WY47	naK	*GrpE*	C8WY47
	DnaK	C8WY46		*DnaJ*	C8WY45
	Aaci - 2740	C8WU02		*GroL*	C8WS05
	GroL	C8WS05		*Aaci* - 2740	C8WU02
	Aaci - 0804	C8WU83		*Aaci* - 0804	C8WU83
	Aaci - 1845	C8WXN6		*HrcA*	C8WY48
	Aaci - 1260	C8WW17		*GroS*	C8WS04
	GroS	C8WS04		*GyrA*	C8WXT2
	Aaci - 2743	C8WU05		*Aaci* - 0989	C8WV38
	FtsH	C8WQT5			

注：Uniprot：Universal protein，由 Swiss - prot、TrEMBL 和 PIR - PSD 三大数据库组成的蛋白数据库。

6.3.2 热应激关键蛋白互作网络的构建

将筛选的靶点信息输入 String 数据库，下载相关基因数据，并导入 Cytoscape 软件构建蛋白互作网络，结果如图 6 - 1 所示。图 6 - 1 的 A - J 分别包括 45、28、35、45、47、26、40、38、68、64 个节点和 205、188、176、110、221、124、166、173、351、312 条边。

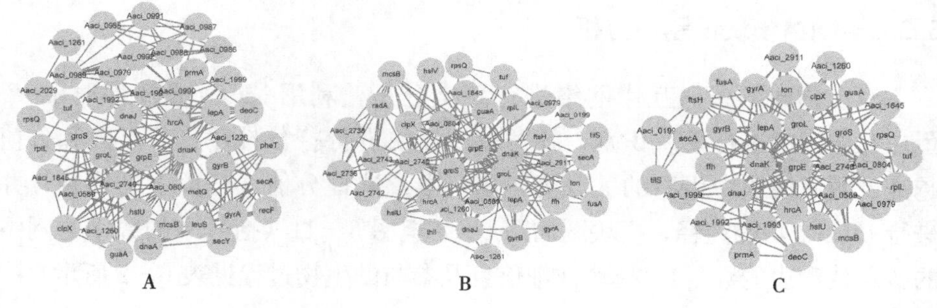

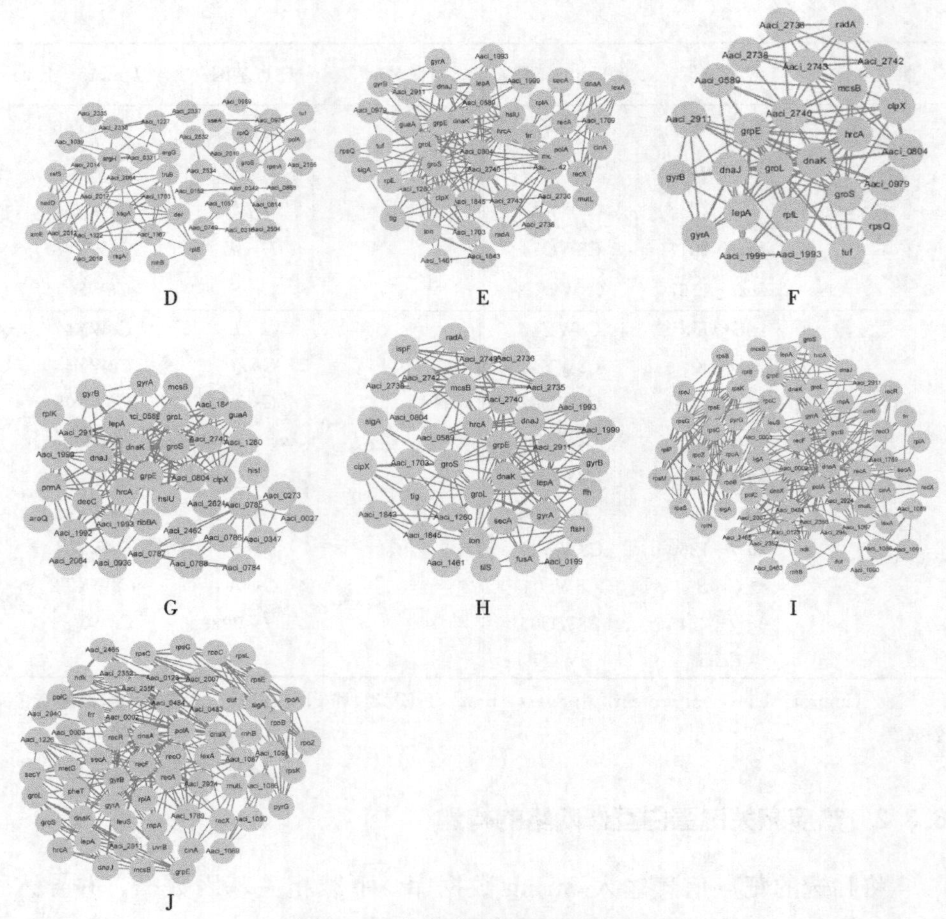

图 6-1　热应激关键蛋白互作网络

A、B、C、D、E、F、G、H、I、J. DnaK、HrcA、GrpE、RecA、ClpP、ClpE、DnaJ、CtsR、GyrA、GyrB

6.3.3　网络模块识别与分析

对已构建的蛋白互作网络进行聚类分析，利用 MCODE 插件对 10 个蛋白互作网络进行模块识别，并对每个模块进行打分排序，节点数和分值越高说明该模块中蛋白的关联度越高。本章选择分值 3 分以上的模块，并进行 BinGO 功能注释，模块图如图 6-2 至图 6-11（括号中的数字为网络的节点数和边的数目）。模块详细信息及参与的生物过程见表 6-2 所示。

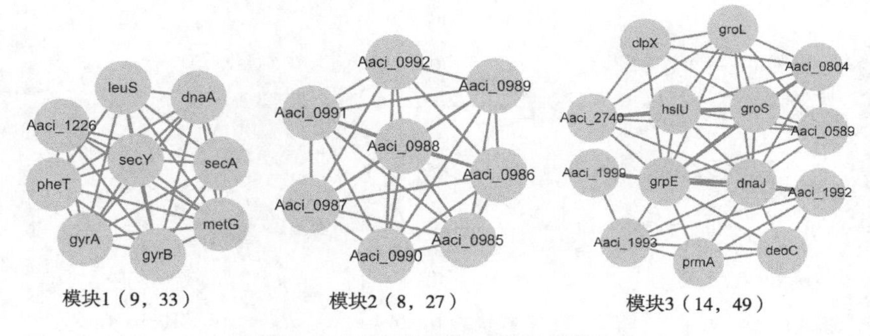

模块1（9，33） 模块2（8，27） 模块3（14，49）

图 6-2 DnaK 蛋白互作识别模块

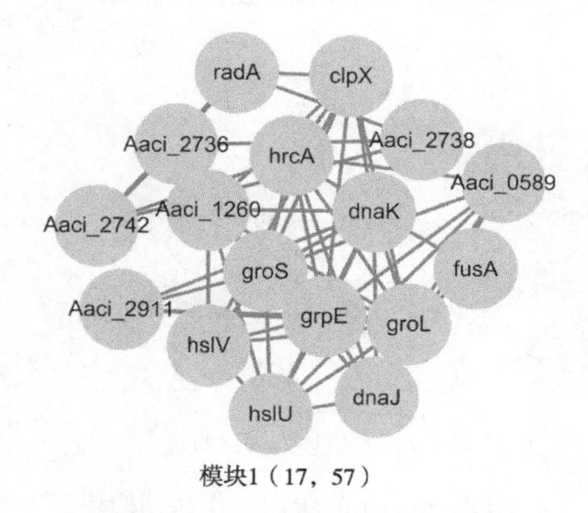

模块1（17，57）

图 6-3 HrcA 蛋白互作识别模块

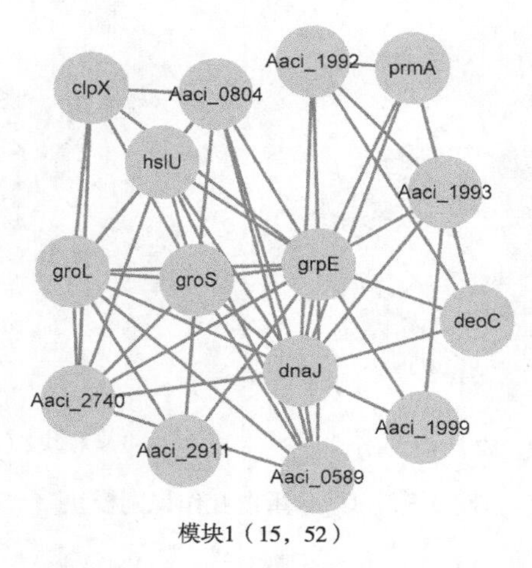

模块1（15，52）

图 6-4 GrpE 蛋白互作识别模块

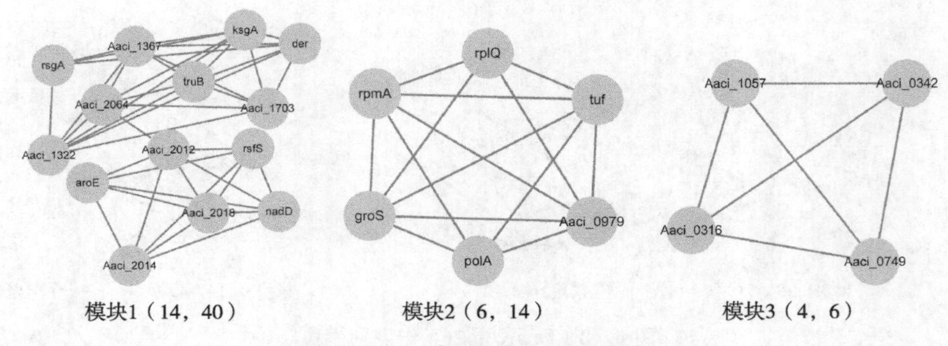

模块1（14，40）　　模块2（6，14）　　模块3（4，6）

图 6-5　RecA 蛋白互作识别模块

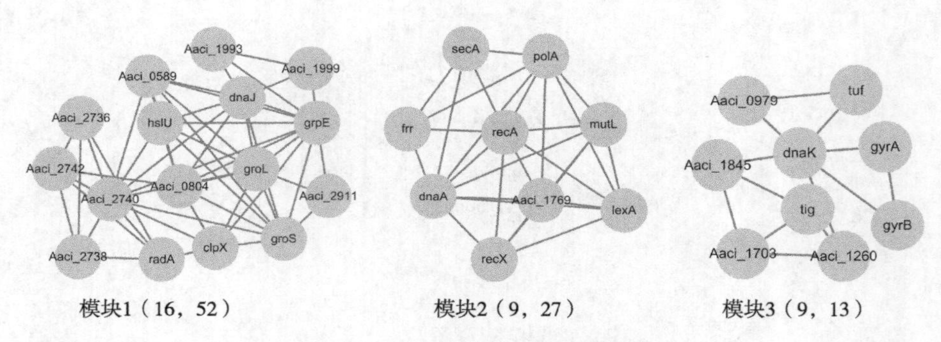

模块1（16，52）　　模块2（9，27）　　模块3（9，13）

图 6-6　ClpP 蛋白互作识别模块

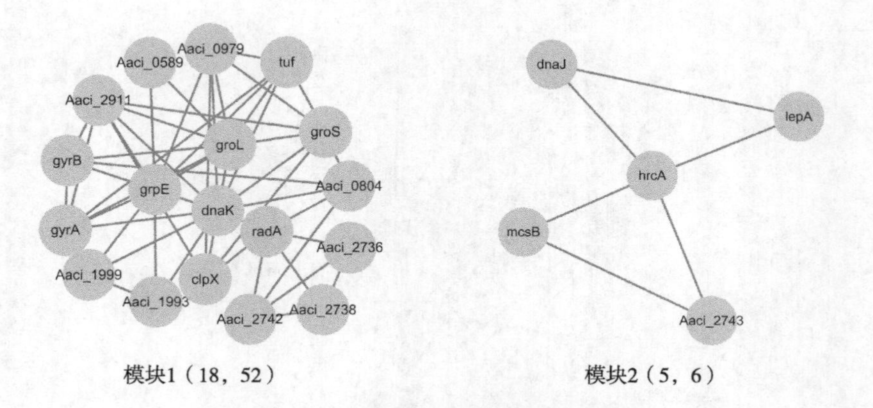

模块1（18，52）　　模块2（5，6）

图 6-7　ClpE 蛋白互作识别模块

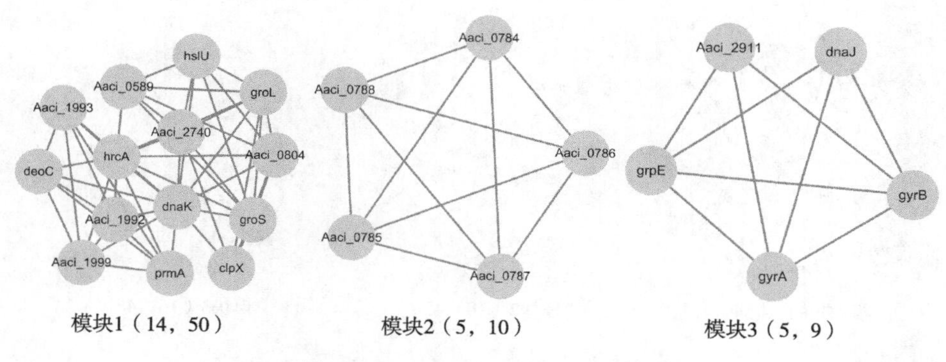

模块1（14，50）　　模块2（5，10）　　模块3（5，9）

图 6－8　DnaJ 蛋白互作识别模块

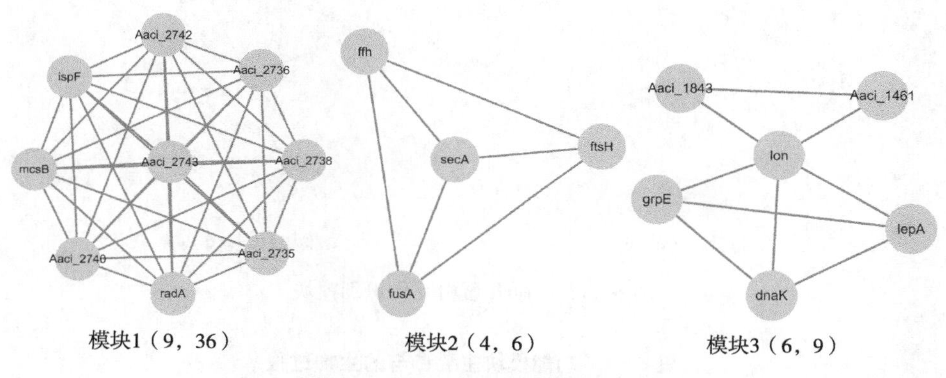

模块1（9，36）　　模块2（4，6）　　模块3（6，9）

图 6－9　CtsR 蛋白互作识别模块

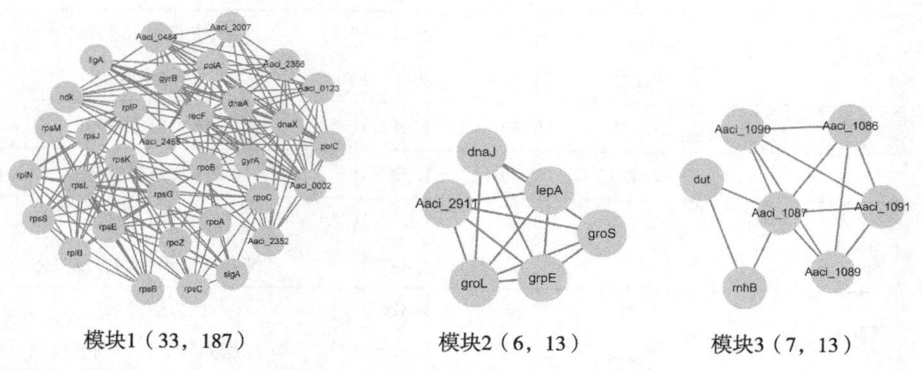

模块1（33，187）　　模块2（6，13）　　模块3（7，13）

图 6－10　GyrA 蛋白互作识别模块

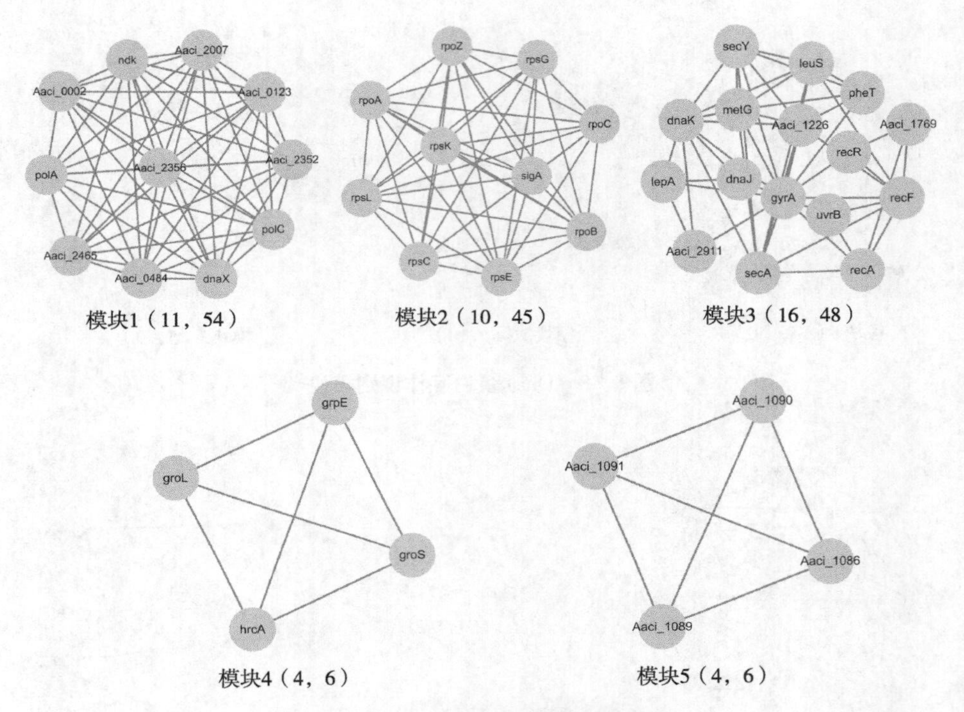

图 6-11　GyrB 蛋白互作识别模块

表 6-2　功能模块主要参与的生物过程

蛋白名称	模块	得分	GO号	P（α=0.05）	模块参与的生物过程
DnaK	1	8.25	90 304	2.56×10^{-7}	核酸代谢过程
	3	7.538	9 408	3.83×10^{-3}	热应激响应
HrcA	1	7.125	6 950	1.44×10^{-8}	压力应激响应
GrpE	1	7.429	6 950	1.33×10^{-3}	压力应激响应
RecA	1	6.154	9 451	1.11×10^{-4}	RNA 修饰
	2	5.6	34 645	5.68×10^{-6}	细胞大分子生物合成过程
ClpP	1	6.933	6 950	1.32×10^{-5}	压力应激响应
	2	6.75	44 260	1.87×10^{-5}	细胞大分子代谢调节过程
ClpE	1	6.188	6 950	1.12×10^{-4}	压力应激响应
	2	3	9 408	2.21×10^{-6}	热应激响应

（续）

蛋白名称	模块	得分	GO 号	P（α=0.05）	模块参与的生物过程
DnaJ	1	7.692	6 950	1.33×10^{-3}	压力应激响应
	3	4.5	6 265	3.42×10^{-5}	DNA 拓扑结构的变化
CtsR	1	9	6 720	3.45×10^{-3}	类异戊二烯代谢
	3	3.6	6 950	1.33×10^{-3}	压力应激响应
GyrA	1	11.688	34 645	6.75×10—28	细胞大分子代谢调节过程
	2	5.2	9 408	6.73×10^{-4}	压力应激响应
	3	4.333	6 401	3.07×10^{-4}	RNA 分解代谢过程
GyrB	1	10.8	6 260	1.42×10^{-6}	DNA 复制
	3	6.4	6 950	1.58×10^{-8}	压力应激响应
	4	4	6 950	2.23×10^{-4}	压力应激响应

6.4 讨论

为深入探讨酸土脂环酸芽孢杆菌热应激反应机制，本研究对该菌响应热应激的 10 种关键蛋白进行了蛋白互作网络分析。通过 STITCH 数据库获得的 DnaK 蛋白的作用靶点信息发现，与 DnaK 互作的蛋白分别是 DnaJ、GrpE、ClpP、CtsR、ClpE、GyrA、GyrB、GroL、HrcA 和 GroS。对 DnaK 蛋白互作网络进行模块分析后发现，模块 1 和核酸代谢过程相关。据报道，细菌在受到热胁迫时，核酸的代谢发生明显变化[96]，环境温度升高会影响核酸构象发生变化[168]，因此推测，核酸的构象变化可能起到感应外界温度变化的信号传感器作用，这与本研究的蛋白组学分析结果一致。模块 3 与热应激响应相关，细菌在面临热应激时，最重要的生理活动是抵御高温环境的热应激反应，调节相关基因的表达和代谢途径，消除或降低热胁迫的伤害[63]。研究表明，DnaK 与 DnaJ 及 GrpE 蛋白协同作用参与核糖体装配、蛋白质转运、蛋白质折叠和蛋白质解折叠、多肽集合的阻抑和细胞信号传导等多种生物过程[169]，在提高生物体对热应激的抵抗力及保护细胞方面发挥着重要作用。通过 DnaK 靶点信息搜索及其蛋白网络的模块分析发现，与其互作的其中 10 种蛋白中，GyrA 与 GyrB 是经蛋白组学验证的 DNA 修复相关蛋白，DnaJ、GrpE、ClpP、CtsR、ClpE 为蛋白组学验证的热休克蛋白，GroL 与 GroS 为文献已报道的热应激相关蛋白，HrcA 为热应激负调控因子，表明酸土脂环酸芽孢杆菌可能通过 DnaK 调控核酸的代谢及产生一系列热休克蛋白来提高其对高温环境的适应能力，这与蛋白组学及 qRT - PCR 验证的结果也是一致的。

通过蛋白靶点搜索发现 HrcA 与热休克蛋白 DnaK、DnaJ、GrpE、ClpP、CtsR、ClpE、GroL、GroS、FtsH 均发生互作。对 HrcA 蛋白互作网络的模块分析和基因注释发现，HrcA 模块与压力应激响应相关。HrcA 是热应激负调控因子，通过编码转录抑制蛋白，从而发挥下游基因的调控作用，提高菌株的热耐受性[170]。Rossi[171] 对腐生葡萄球菌进行 48℃的热处理后发现，HrcA 蛋白表达量为最适温度时的 3 倍，证明在热处理过程中，通过抑制因子 HrcA 的上调表达来调节热休克蛋白的表达，提高菌体在热应激时的生存能力。通过对 HrcA 的靶点搜索及互作网络的模块分析发现与 HrcA 互作的 9 种蛋白中，其中 6 种为蛋白组学已验证的热休克蛋白，而 GroL、GroS 为已报道的热休克蛋白，FtsH 为膜蛋白，表明 HrcA 通过调节热休克蛋白与膜蛋白的表达对热应激做出响应，提高菌体的热耐受性。

GrpE 的靶点信息结果显示，其与热休克蛋白 DnaK、DnaJ、ClpP、ClpE、HrcA、GroL、GroS、FtsH 发生互作，通过对 GrpE 蛋白互作网络的模块分析及功能注释发现在酸土脂环酸芽孢杆菌受到热刺激时，GrpE 网络模块与压力应激响应相关。GrpE 被称为细菌的热感应器，作为核苷酸交换因子，能够调节 DnaK 的活性[171]。作为伴侣蛋白，当细胞受到热胁迫时，GrpE 能够阻止蛋白发生错误聚合[172]，对菌体在热胁迫下能否存活起至关重要的作用。通过靶点信息及蛋白互作网络模块分析可知，GrpE 蛋白的变化调节热应激相关蛋白的活性，并通过影响其表达以对热刺激做出应答，使酸土脂环酸芽孢杆菌能够存活于 65℃、5min 的热处理条件。

与 RecA 互作的蛋白主要有 ClpP、GyrA、GyrB、MutL。RecA 的蛋白互作网络通过 MCODE 算法被分为两个功能模块，分别是 RNA 修饰和细胞大分子的生物合成。RNA 修饰可以调节 RNA 的代谢，影响 RNA 的生物功能与结合蛋白的能力[173]。据报道，RNA 修饰在热休克反应中发挥重要作用[174]。RNA 修饰影响着蛋白质的翻译，是细胞正常代谢的重要环节。模块 2 与细胞大分子的生物合成有关。细胞中的生物大分子包括蛋白质、核酸、多糖等。研究表明，蛋白质的从头合成可以增加生物体的耐热性[73]；细胞壁的主要组成成分为肽聚糖，肽聚糖的合成有助于形成新的细胞壁，在受到胁迫时仍保持完整。RecA 细胞 SOS 反应中起重要作用[175]。据报道，RceA 能够增加生物体的耐热性，缺失 RecA 基因的大肠杆菌在 43℃ 热胁迫下急剧减少，活菌数仅是野生型菌株的 10%[176]。Bauermeister[177] 发现 RecA 作为 DNA 修复蛋白，在受到干热与湿热处理时，表达量均呈现上调。本研究通过对 RecA 的靶点信息搜索发现，与其互作的蛋白中，其中 3 种为蛋白组学中已筛选验证的 DNA 修复蛋白，1 种为热休克蛋白，结合其蛋白互作网络模块分析，发现在酸土脂环酸芽孢杆菌受到热胁迫时，RecA 通过调节 DNA 的修复、生物大分子的合成及 RNA 修复，以增强菌体的热耐受性。

与 ClpP 互作的靶点蛋白主要有热休克蛋白 DnaK、GrpE、RecA、ClpX、HrcA、GroS 与 GroL。通过 ClpP 互作网络的模块分析发现其与压力应激响应和细胞大分子代谢调节过程相关。ClpP 是一种蛋白水解酶，与 ClpX 结合形成蛋白复合物，维持细胞内的稳态，对细菌的基础代谢起重要作用。研究发现，在受到热应激的枯草芽孢杆菌中，通过增加 ClpP 的合成，维持细胞的耐受性[178]。本研究在 ClpP 的互作蛋白靶点搜索后发现，其互作蛋白除 RecA 为 DNA 修复蛋白外，其余 6 种蛋白均为热休克蛋白。因此，ClpP 通过调节细胞大分子的代谢过程与热休克蛋白的表达，对热应激做出应答响应，从而保护处于热胁迫下的酸土脂环酸芽孢杆菌。

通过 DnaJ 蛋白靶点信息搜索发现，蛋白 DnaK、GrpE、PrmA、HrcA、MalE、GroL 与其发生互作。MCODE 算法对 DnaJ 蛋白互作网络进行模块分析后，得到了 3 个模块，模块 2 未能得到富集信息。模块 1 和模块 3 分别与压力应激响应和 DNA 拓扑结构的改变相关。DNA 拓扑结构指的是 DNA 的高级结构，DNA 在生物体内的存在形式是超螺旋，DNA 超螺旋是拓扑学的研究范畴[179]。DNA 超螺旋的卷曲程度与基因的表达密切相关，通过压缩长链 DNA 有利于基因在细胞内的表达与调控[180]。DNA 拓扑结构的变化导致 DNA 超螺旋的变化，DNA 超螺旋的变化可能在应激信号与转录激活的耦合中起到作用[101]。DnaJ 与 DnaK 和 GrpE 构成 DnaK/DnaJ 系统，该系统的调控能够保护细胞内蛋白质的稳定性，使生物体在胁迫条件下正常生长[181]。通过对 DnaJ 蛋白靶点搜索发现，与其互作的蛋白 PrmA 为核糖体蛋白，MalE 为胞外溶质结合蛋白，其余 4 种均为热休克蛋白。因此，DnaJ 在酸土脂环酸芽孢杆菌受到热胁迫时参与了 DNA 拓扑结构的变化，并通过与热休克蛋白的互作对热应激做出响应，以保护菌体。

通过 STITICH 数据库发现，与 CtsR 互作的蛋白是热休克蛋白 DnaK、ClpE、HrcA。CtsR 的蛋白互作网络被分为了 4 个模块，其中模块 2 未能得到富集信息。模块 1、3、4 分别和压力应激响应、热应激响应和类异戊二烯代谢相关。类异戊二烯是一类常见的固醇类化合物，可以合成膜结构，并对细胞功能进行调控[182]。研究表明，类异戊二烯物质 Geranylgeranylacetone 是热休克蛋白 70 的诱导因子，在生物体受到热刺激时，起到重要作用[183]。CtsR 是一种高度保守的转录抑制子，可以抑制和调节 ClpP、ClpE 和 ClpC 的表达。在热应激状态下，CtsR 阻遏作用解除，进而调控热休克基因的表达[172]。对 CtsR 蛋白的靶点信息搜索及互作网络模块分析可知，CtsR 通过调节类异戊二烯的代谢与热休克蛋白的表达对热应激做出响应，提高了菌体在热胁迫条件下的适应能力。

ClpE、GyrA 与 GyrB 经聚类算法分析后得到的模块与上文提到的调控途径一致。ClpE 与热休克蛋白 DnaK、CtsR、GrpE 和 HrcA 互作，其蛋白互作网络与压力应激响应和热应激响应相关。ClpE 受 CtsR 的调控[184]，研究发现，42℃ 条件下 ClpE 延长了单增李斯特菌的存活时间[185]。通过靶点信息搜索及网络模块分析发现，ClpE 通过调节热休克蛋白，对热应激做出响应，保护了热应激下的酸土脂环酸芽孢杆菌。GyrA 与 DnaK、GyrB、RecA、RceF、DnaA、RpoB 与 RpsL 发生相互作用，其蛋白互作网络和细胞大分子代谢调节、压力应激响应、RNA 分解代谢以及细胞压力响应应激调节相关。当细菌受到热刺激时，GyrA 等蛋白激活了 DNA 解旋酶，恢复了 DNA 超螺旋水平，使得菌体正常生长[186]。通过靶点信息搜索发现，与 GyrA 发生互作的蛋白中 RpsL 为核糖体蛋白，DnaA 为染色体复制起始蛋白，GyrA 与 GyrB 为 DNA 修复蛋白，其余 3 种蛋白为热休克蛋白，因此推测，当酸土脂环酸芽孢杆菌受到热胁迫时，GyrA 通过参与细胞大分子代谢、RNA 分解代谢，以调节热休克蛋白、核糖体蛋白与染色体复制起始蛋白的表达，对热应激产生响应，保护菌体；GyrB 与 DnaK、RecA 和 GyrA 互作，通过 MCODE 算法发现，GyrB 与 DNA 复制和压力应激响应相关。与其互作的蛋白中包括 DnaK 热休克蛋白与 RecA、GyrA 两种 DNA 修复蛋白，因此推测，GyrB 在酸土脂环酸芽孢杆菌受到热胁迫时，通过调节热休克蛋白与 DNA 修复蛋白的表达，对热应激做出相应应答。

6.5 结论

通过构建热应激关键蛋白的互作网络并进行功能注释后发现，大多蛋白模块参与的途径和压力应激响应，尤其是热应激响应相关；此外，部分模块还涉及核酸分子代谢、拓扑结构的改变、细胞大分子的生物合成以及类异戊二烯代谢。热应激关键蛋白互作网络分析结果表明，在蛋白组学筛选出的酸土脂环酸芽孢杆菌耐热关键蛋白中，与 DnaK 发生互作的蛋白种类最多，其互作蛋白主要是热休克蛋白，这与蛋白组学分析结果一致。在蛋白互作网络模块分析中发现，DnaK 主要参与了热应激响应和核酸代谢过程，DnaK 的功能信息在蛋白组学、qRT－PCR 结果及蛋白模块分析中相互呼应，彼此验证。因此，拟选择 DnaK 作为酵母双杂交文库筛选的诱饵蛋白，进一步研究其对酸土脂环酸芽孢杆菌耐热生理适应机制的调控作用。

7　酸土脂环酸芽孢杆菌酸应激关键蛋白互作网络分析

7.1　引言

生物体在应对极端环境条件时（如高温、低 pH、高渗透压等）会诱导出一系列的自我保护机制，导致其在致死因素环境中的生存能力增加[187]。而酸对微生物的胁迫作用一直是生物学领域研究的热点。当环境 pH 突然降低时，微生物会在短时间内产生酸应激反应，通过诱导和抑制某些蛋白表达，有选择地合成蛋白或者增加需要蛋白的数量，调节胞内蛋白酶的数量和活性，进而调整细胞总蛋白的表达来抵御外界的酸胁迫环境[188]。

通常情况下，单个蛋白质无法独立发挥生物学功能，而蛋白与蛋白间的互作作用几乎参与细胞所有的生物代谢活动（如 DNA 复制、蛋白折叠、RNA 转录等）。蛋白质间的相互作用对生物抗逆功能起着重要作用，通过蛋白质互作网络分析，可以很好地了解蛋白质功能之间的相关性，以及蛋白质与化合物之间的相互作用关系。Cytoscape 是用于可视化蛋白互作网络数据的一种蛋白质信息学工具，可用来处理蛋白质间的连接、遗传的相互作用等，通过构建分子与蛋白互作网络，分析其中的功能模块，可以更好地了解功能模块参与的生物过程。本研究依据第二和第三章中差异蛋白的分子功能、通路分析及文献报道过的蛋白功能，筛选出了 15 种酸应激关键蛋白进行 STITCH 数据库搜索，得到靶点信息后，用 Cytoscape 软件模拟构建酸土脂环酸芽孢杆菌酸应激关键蛋白互作网络，通过插件 MCODE 和 BinGo 对蛋白进行模块的分析及功能的注释，从蛋白水平系统探讨酸土脂环酸芽孢杆菌的耐酸机制，为该菌嗜酸机理特性的进一步研究提供重要依据。

7.2 试验方法

7.2.1 酸应激关键蛋白靶点信息的获取

根据前两章的生物信息学结果及文献报道过的蛋白功能，选取出 15 种酸土酯环酸芽孢杆菌酸应激关键蛋白，从蛋白相互作用数据库 STITCH 5.0（http：//stitich. embl. de/）获取靶点信息，从库中筛选分值大于 0.7 的互作蛋白作为对应的靶点研究对象[189]，去除重复数据后，共计获取 122 个靶点信息。

7.2.2 酸应激关键蛋白互作网络的构建

本研究从 String 数据库（http：//www. string - db. org/）获取酸土脂环酸芽孢杆菌酸应激关键蛋白的相互作用信息，从库中筛选分值在 0.7 以上的蛋白互作数据导入 Cytoscape 3.6.1，以确保数据的可信度。利用 Merge Internet 工具进行 Union 计算，除去重复边，成功构建酸土脂环酸芽孢杆菌酸应激关键蛋白互作网络图。

7.2.3 网络模块分析及功能注释

MCODE 属于一种经典的蛋白质复合物聚类算法，通过 MCODE 可以在 Cytoscape 构建好的蛋白质网络中识别检测区，计算网络图中的各个节点信息，蛋白节点及周边节点的密集程度通过给出的分值来表现。软件会自动以分值最大的节点为种子节点进行扩展，依次加入符合参数要求的邻近节点。最后依据所需参数要求做后续处理，从而得出对应的功能模块[190]。BinGo 是 Cytoscape 当中的一个插件，可以帮助我们做富集分析。经过超几何检验，划分归属于同一基因本位的蛋白质，使蛋白质分类。经过 MCODE 与 BinGo 对酸土脂环酸芽孢杆菌酸应激关键蛋白的模块分析与功能注释，使我们明确各个模块在参与酸应激反应的生物过程，对其进行分析。

7.3 结果分析

7.3.1 酸应激关键蛋白靶点信息

通过 STITCH 数据库搜索，得到 15 个与酸土脂环酸芽孢杆菌酸应激关键蛋白互作的蛋白靶点信息（表 7－1、表 7－2）。

表 7－1 酸土脂环酸芽孢杆菌酸应激关键蛋白靶点信息（蛋白质组学）

蛋白名称	靶点基因	Uniprot ID	蛋白名称	靶点基因	Uniprot ID
	*Aaci*_0980	C8WV29			
	*Aaci*_1346	C8WWA2		*tuf*	C8WTX5
	*Aaci*_0751	C8WU32		*groL*	C8WS05
	*Aaci*_1341	C8WW97		*grpE*	C8WY47
	*Aaci*_1345	C8WWA1		*hrcA*	C8WY48
AcpP	*Aaci*_2413	C8WSD5	GroS	*dnaK*	C8WY46
	plsX	C8WW98		*Aaci*_1845	C8WXN6
	*Aaci*_1343	C8WW99		*Aaci*_1260	C8WW17
	acpS	C8WRK8		*Aaci*_2740	C8WU02
	*Aaci*_1344	C8WWA0		*Aaci*_0804	C8WU83
	rpmF	C8WW96			
	*Aaci*_2740	C8WU02		*groL*	C8WS05
	*Aaci*_2743	C8WU05		*dnaK*	C8WY46
	*Aaci*_0804	C8WU83		*rpoA*	C8WTU5
	*Aaci*_1260	C8WW17		*recA*	C8WWM7
	hrcA	C8WY48		*rpoB*	C8WTY1
ClpP	*dnaK*	C8WY46	GreA	*codY*	C8WRX4
	grpE	C8WY47		*Aaci*_2718	C8WTYO
	clpX	C8WXN5		*lysS*	C8WQU4
	groS	C8WS04		*Aaci*_2725	C8WTY7
	groL	C8WS05		*nusB*	C8WXH1
	recA	C8WWM7			

（续）

蛋白名称	靶点基因	Uniprot ID	蛋白名称	靶点基因	Uniprot ID
RplQ	*rplO*	C8WTV4	RpsD	*rpsM*	C8WTU8
	rplP	C8WTW6		*rpsG*	C8WTX7
	rplW	C8WTX1		*rpsC*	C8WTW7
	rplD	C8WTX2		*rpsS*	C8WTW9
	rplV	C8WTW8		*rpsJ*	C8WTX4
	rplM	C8WTU2		*rpsL*	C8WTX8
	rplB	C8WTX0		*rpsK*	C8WTU7
	rplF	C8WTV8		*rplE*	C8WTW1
	rplX	C8WTW2		*rpsH*	C8WTV9
	rplR	C8WTV7		*rpsE*	C8WTV6
NusB	*Aaci*_2725	C8WTY7	NusG	*nusB*	C8WXH1
	*Aaci*_1977	C8WY27		*rho*	C8WUH0
	rpsJ	C8WTX4		*rpmG*	C8WTY9
	ribBA	C8WUY9		*Aaci*_2725	C8WTY7
	ribH	C8WUZ0		*rplK*	C8WTY6
	*Aaci*_1777	C8WXG8		*Aaci*_2718	C8WTY0
	*Aaci*_1779	C8WXH0		*RplJ*	C8WTY4
	xseB	C8WXG6		*tuf*	C8WTX5
	*Aaci*_1783	C8WXH4		*rpoA*	C8WTU5
	xseA	C8WXG7		*rplA*	C8WTY5
				rpoB	C8WTY1

表 7-2　酸土脂环酸芽孢杆菌酸应激关键蛋白靶点信息（磷酸化蛋白质组学）

蛋白名称	靶点基因	Uniprot 号	蛋白名称	靶点基因	Uniprot 号
PyrE	*pyrF*	C8WW65	Ruf	*rpsM*	C8WTU8
	carB	C8WW64		*rpsG*	C8WTX7
	pyrD	C8WV30		*rpsC*	C8WTW7
	pyrR	C8WW60		*rpsL*	C8WTX8
	pyrC	C8WW62		*rpsJ*	C8WTX4
	carA	C8WW63		*rpsD*	C8WTU6
	*Aaci*_1305	C8WW61		*rpsQ*	C8WTW4
				rpsH	C8WTV9
				rpsE	C8WTV6
				tsf	C8WWH5

（续）

蛋白名称	靶点基因	Uniprot 号	蛋白名称	靶点基因	Uniprot 号
RplI	*rpsF*	C8WV96	Prs	*Aaci*_1749	C8WXD9
	rplQ	C8WTU4		*rpiA*	C8WXS2
	rplB	C8WTX0		*Aaci*_0398	C8WS23
	rplC	C8WTX3		*Aaci*_0946	C8WUZ7
	rplA	C8WTY5		*Aaci*_2276	C8WRM4
	rplM	C8WTU2		*glmU*	C8WQR3
	rplS	C8WWC2		*pth*	C8WQR5
	rplP	C8WTW6			
	rplV	C8WTW8			
	rplE	C8WTW1			
RpsC	*rpsE*	C8WTV6	RplN	*rpsP*	C8WWA8
	rpsJ	C8WTX4		*rpsT*	C8WY56
	rplV	C8WTW8		*rpmA*	C8WXK6
	rpsS	C8WTW9		*rplU*	C8WXK8
	rpsG	C8WTX7		*rpmB*	C8WW84
	rpsK	C8WTU7		*rplS*	C8WWC2
	rpsD	C8WTU6		*rpsB*	C8WWH4
	rplP	C8WTW6		*rpsO*	C8WWJ5
	rpsQ	C8WTW4		*rpmF*	C8WW96
	rpsH	C8WTV9		*rpsU*	C8WY39
RplK	*rplE*	C8WTW1			
	rplA	C8WTY5			
	rplC	C8WTX3			
	rpsG	C8WTX7			
	rplJ	C8WTY4			
	rplF	C8WTV8			
	rplM	C8WTU2			
	rplB	C8WTX0			
	rplN	C8WTW3			
	rplP	C8WTW6			

7.3.2 酸应激关键蛋白互作网络的构建

将筛选出的靶点信息用 String 数据库检索，将获取的靶点基因数据保存成 tsv 格式，逐一导入 Cytoscape 软件构建蛋白互作网络图（图 7-1）。图 7-1 的 A-J 分别包括 38、38、48、75、20、20、65、54、23、27、27、55、20、20、26 个节点和 115、146、115、270、145、145、228、344、87、179、188、146、145、145、204 条边。

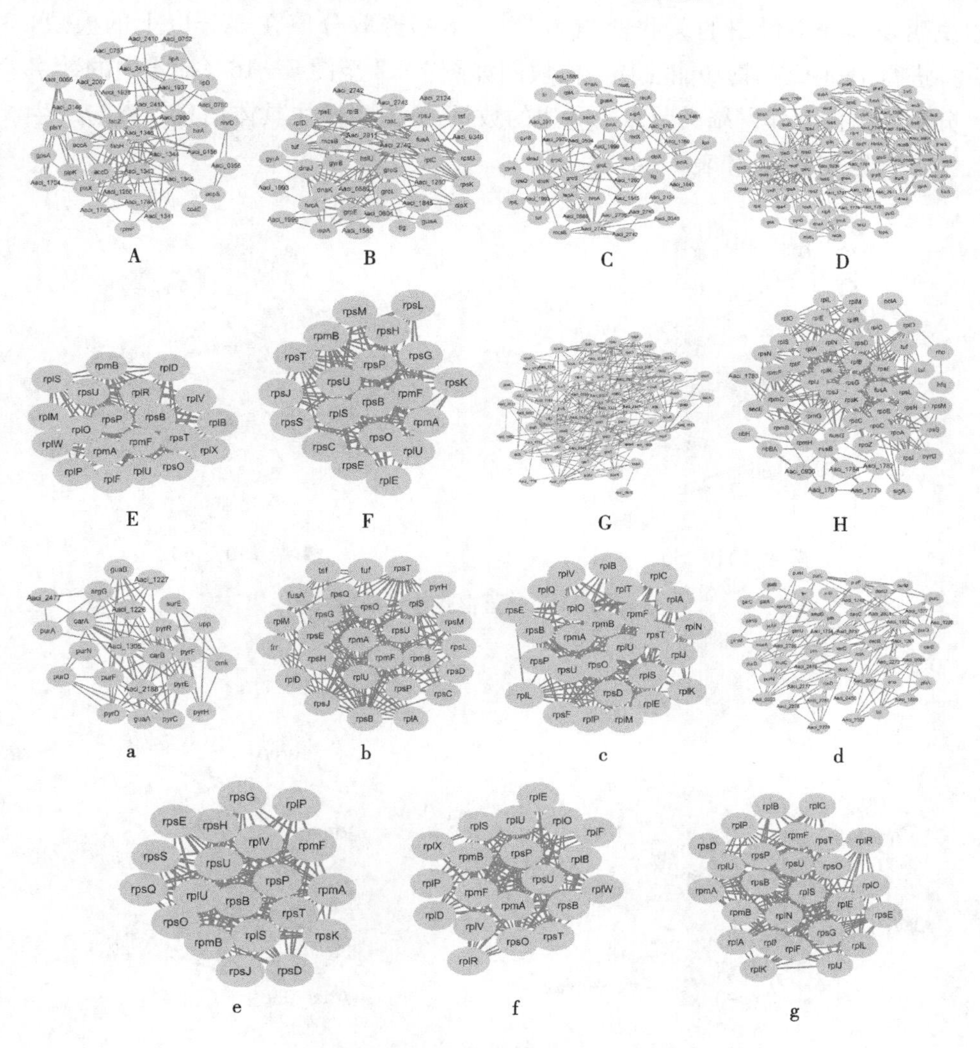

图 7-1　酸应激关键蛋白互作网络

A～H. 蛋白水平 acpP、groS、clpP、greA、rplQ、rpsD、nusB、nusG

a～g. 磷酸化蛋白水平 pyrE、tuf、rplI、prs、rpsC、rplN、rplK

7.3.3 网络模块识别与分析

对已经构建得到的蛋白互作网络进行蛋白聚类分析[191]，通过插件MCODE对15个蛋白分别进行互作网络模块识别，节点数和分值越高，说明该模块中蛋白的关联度越高[192]。本书选取分值在3分以上的模块，并进行BinGO生物功能注释，模块图如图7-2至图7-16（括号中的数字分别为蛋白互作网络的节点数和边的数目）。蛋白模块具体信息及参与的生物过程见表7-3和表7-4。

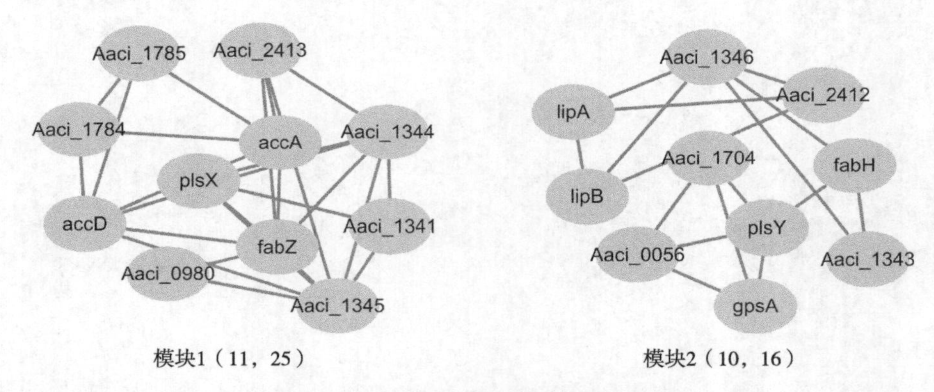

图7-2 AcpP蛋白互作识别模块

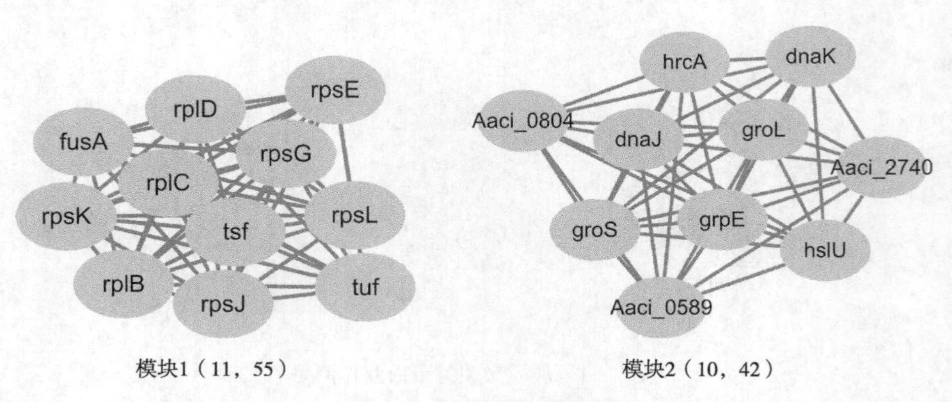

图7-3 groS蛋白互作识别模块

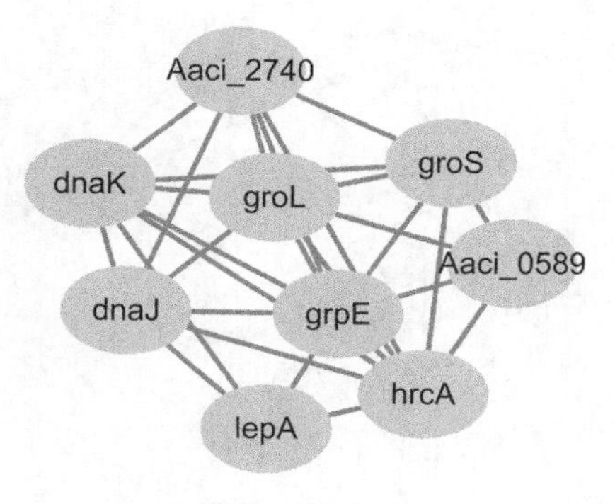

模块1（9，28）

图 7－4　clpP 蛋白互作识别模块

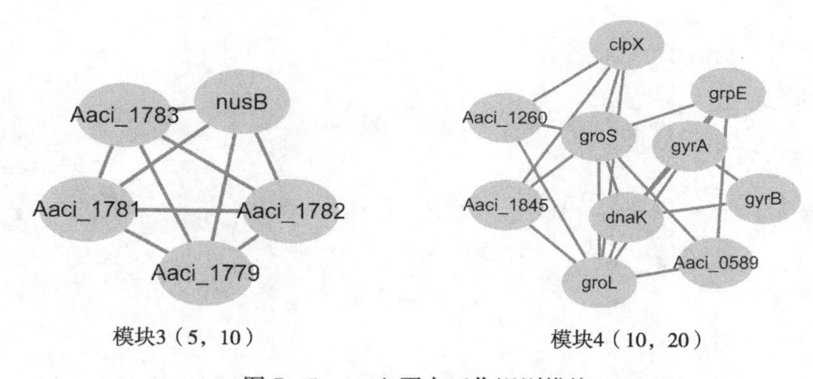

模块3（5，10）　　模块4（10，20）

图 7－5　greA 蛋白互作识别模块

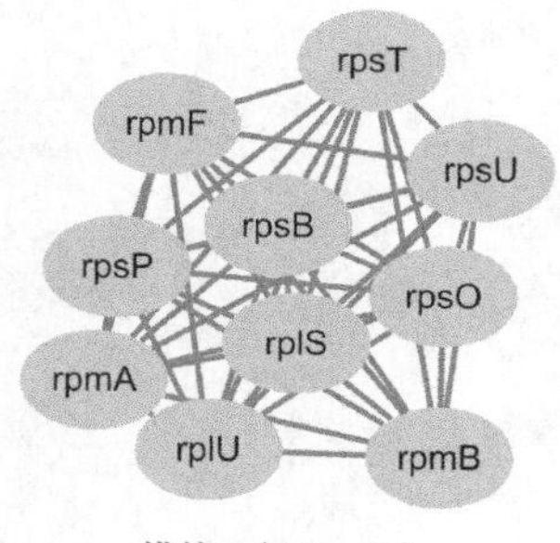

模块1（10，45）

图 7－6　rplQ 蛋白互作识别模块

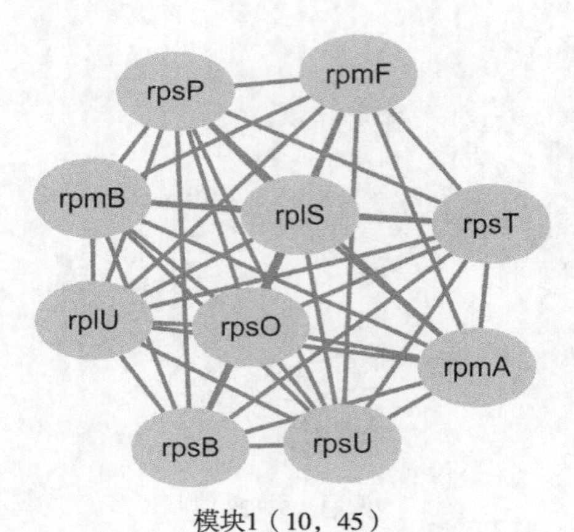

模块1（10，45）

图 7-7　rpsD 蛋白互作识别模块

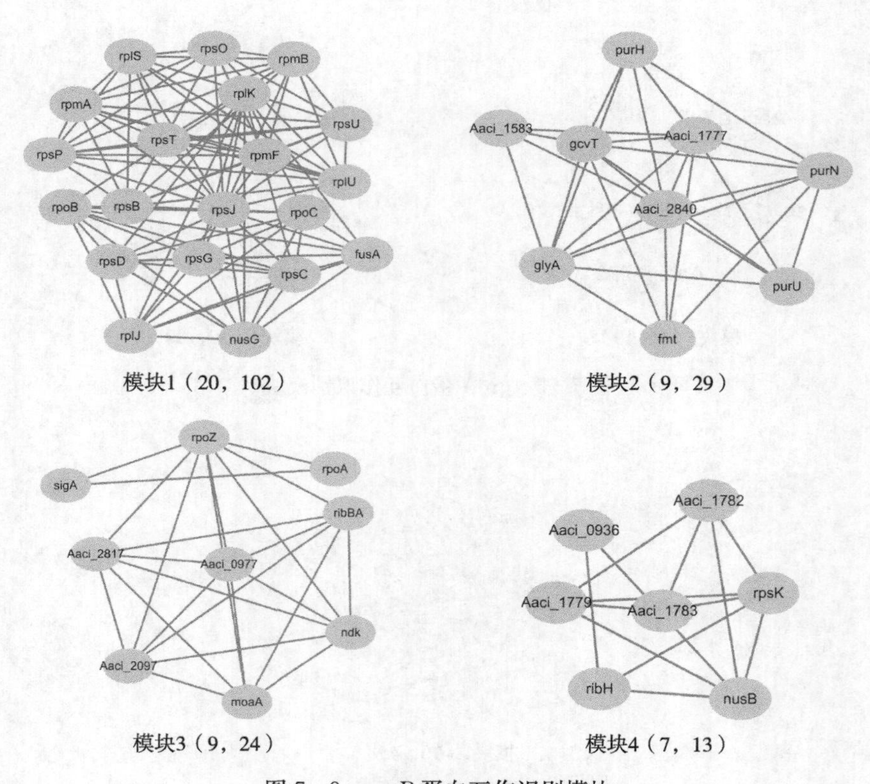

模块1（20，102）　　模块2（9，29）

模块3（9，24）　　模块4（7，13）

图 7-8　nusB 蛋白互作识别模块

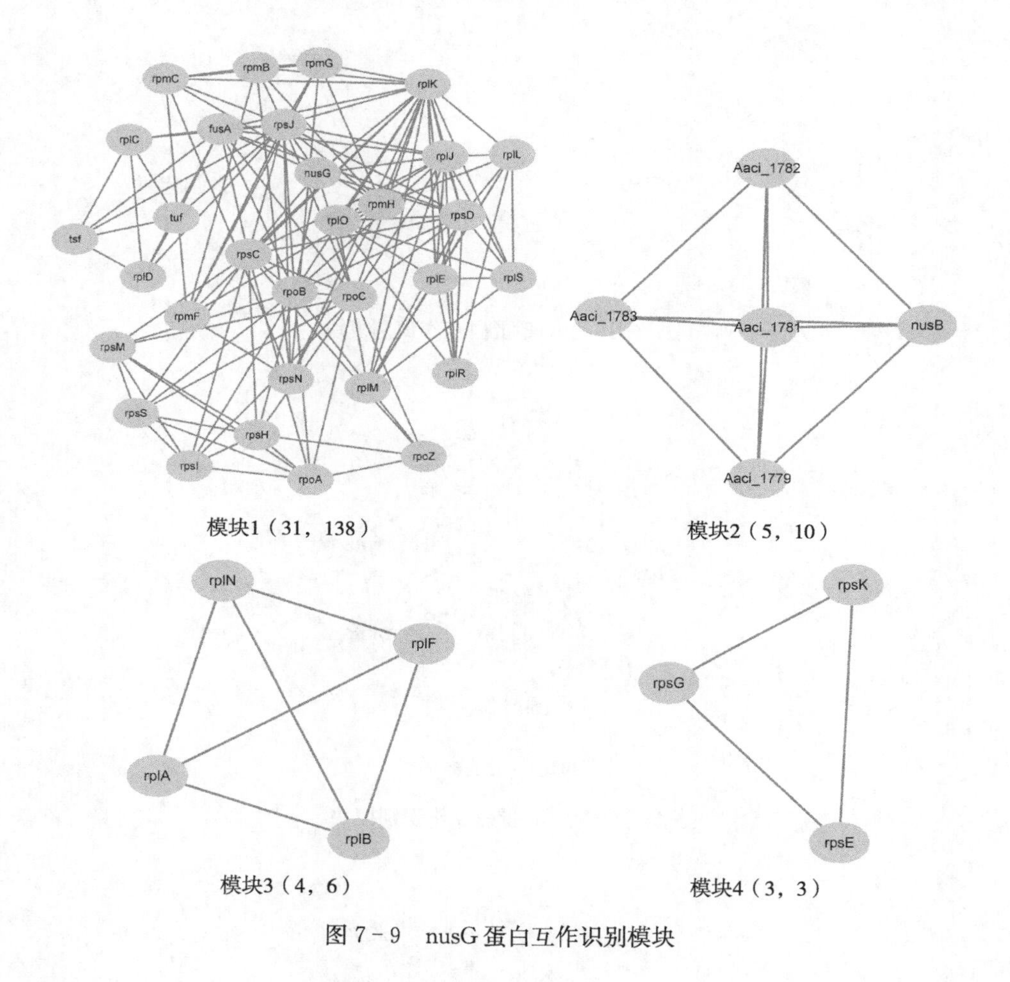

模块1（31，138） 模块2（5，10）

模块3（4，6） 模块4（3，3）

图 7－9 nusG 蛋白互作识别模块

模块1（8，28）

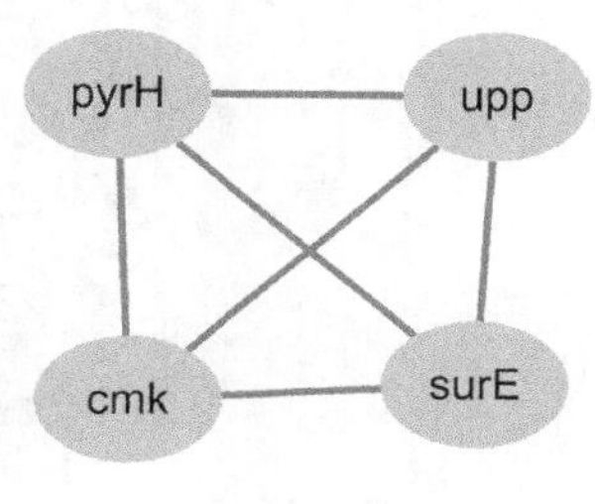

模块2（4，6）

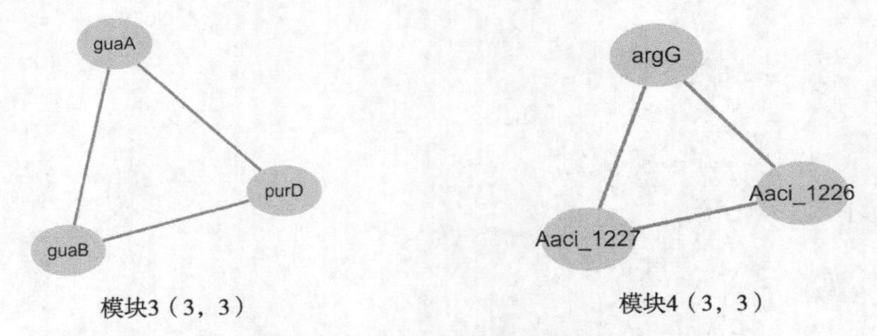

图 7－10　pyrE 蛋白互作识别模块

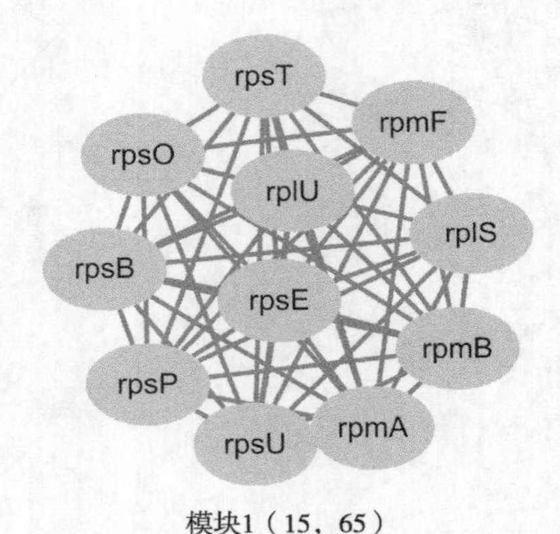

图 7－11　tuf 蛋白互作识别模块

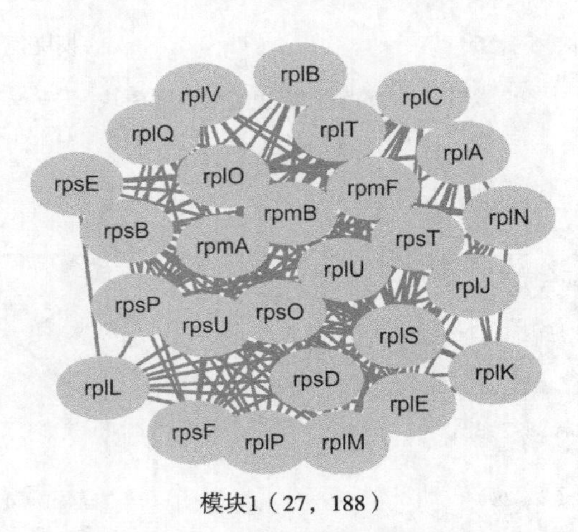

图 7－12　rplL 蛋白互作识别模块

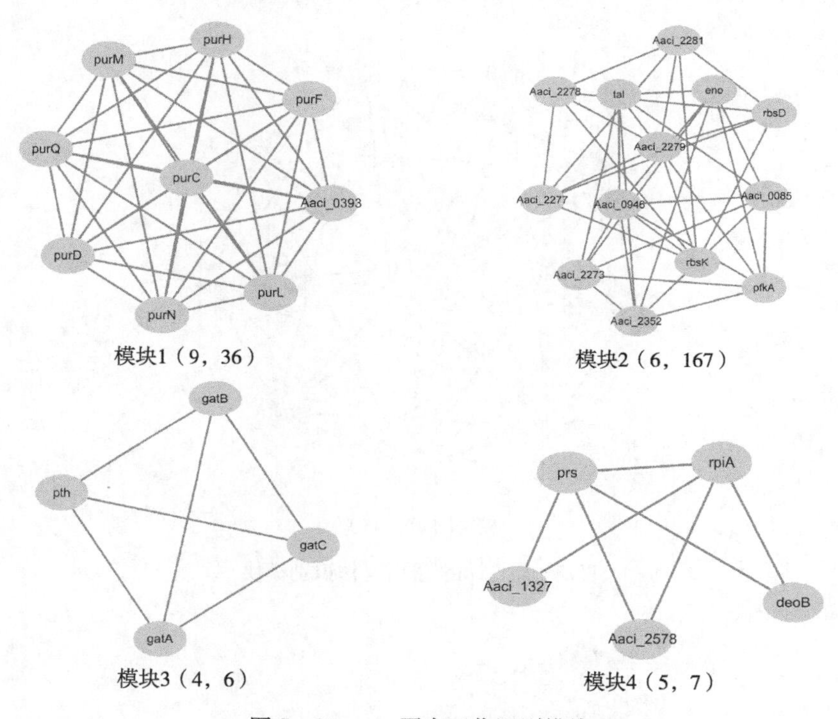

模块1（9，36）　模块2（6，167）

模块3（4，6）　模块4（5，7）

图 7－13　prs 蛋白互作识别模块

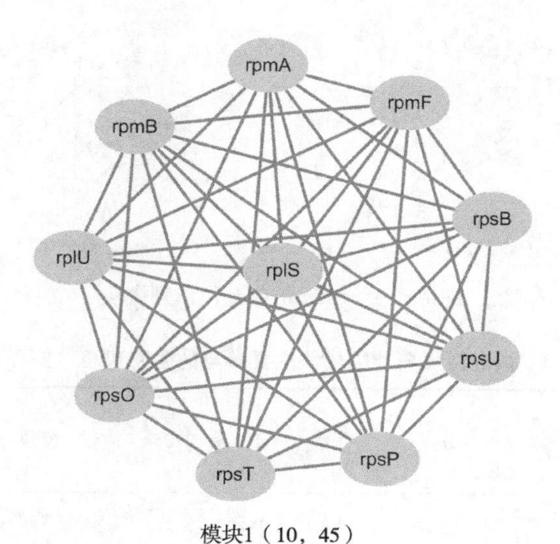

模块1（10，45）

图 7－14　rpsC 蛋白互作识别模块

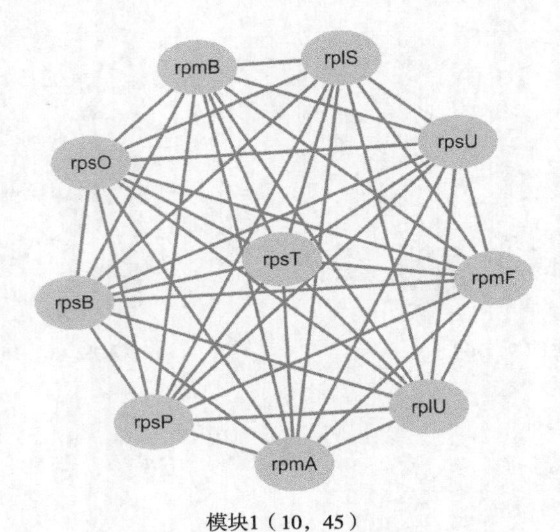

模块1（10，45）

图 7-15　rplN 蛋白互作识别模块

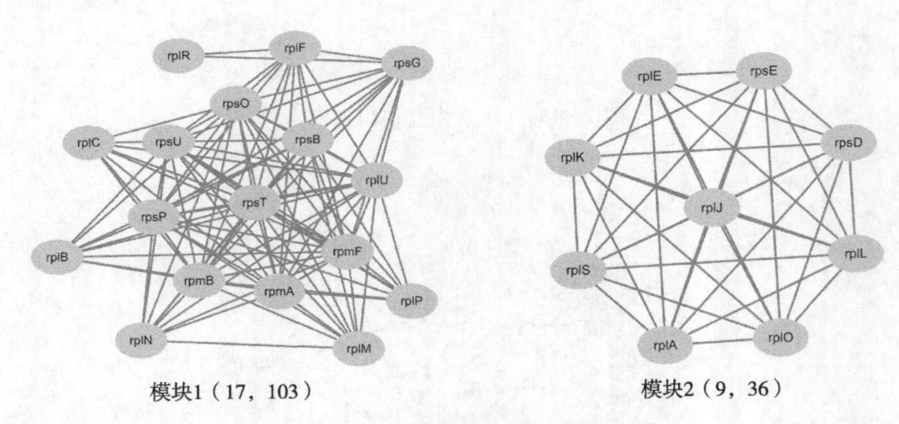

模块1（17，103）　　模块2（9，36）

图 7-16　rplK 蛋白互作识别模块

表 7-3　酸应激蛋白功能模块主要参与的生物过程（差异蛋白）

蛋白名称（差异蛋白）	模块	得分	GO 号	P（α=0.05）	模块参与的生物过程
acpP	1	5	8 610	$1.997\,8\times10^{-8}$	脂质生物合成过程
	2	3.56	8 610	4.21×10^{-4}	脂质生物合成过程

（续）

蛋白名称（差异蛋白）	模块	得分	GO号	P（α=0.05）	模块参与的生物过程
groS	1	11	34 645	3.98×10^{-15}	细胞大分子生物合成过程
	2	9.33	9 408	5.51×10^{-6}	热应激响应
clpP	1	7	6 950	2.60×10^{-7}	压力应激响应
greA	1	11.294	6 350	1.43×10^{-7}	转录
	2	8.5	6 399	4.45×10^{-14}	tRNA 代谢过程
	3	5	6 353	9.59×10^{-4}	转录终止
rplQ	1	10	6 412	1.59×10^{-17}	翻译
rpsD	1	10	6 412	1.59×10^{-17}	翻译
nusB	1	10.737	6 350	3.72×10^{-4}	转录
	2	7.25	44 281	6.40×10^{-6}	小分子代谢过程
	3	6	6 350	3.53×10^{-6}	转录
nusG	1	9.2	6 350	2.62×10^{-6}	转录
	2	5	6 350	7.09×10^{-3}	转录
	3	4	34 645	5.81×10^{-6}	细胞大分子生物合成过程
	4	3	44 267	2.83×10^{-5}	细胞蛋白质代谢过程

表 7-4　酸应激蛋白功能模块主要参与的生物过程（磷酸化修饰蛋白）

蛋白名称（磷酸化修饰蛋白）	模块	得分	GO号	P（α=0.05）	模块参与的生物过程
pyrE	1	8	44 281	5.86×10^{-7}	小分子代谢过程
	2	4	44 281	7.61×10^{-4}	小分子代谢过程
	3	3	44 283	1.23×10^{-4}	小分子生物合成过程
tuf	1	9.286	6 412	6.35×10^{-26}	翻译
rplL	1	14.462	6 412	5.58×10^{-43}	翻译
prs	1	9	9 152	1.55×10^{-7}	嘌呤核苷生物合成过程
	2	6.167	44 281	2.85×10^{-3}	小分子代谢过程
	3	4	6 399	8.81×10^{-7}	tRNA 代谢过程
	4	3.5	9 152	1.6×10^{-2}	嘌呤核苷生物合成过程

（续）

蛋白名称（磷酸化修饰蛋白）	模块	得分	GO 号	P（α=0.05）	模块参与的生物过程
rpsC	1	10	6 412	1.59×10^{-17}	翻译
rplN	1	10	6 412	1.59×10^{-17}	翻译
rplK	1	12.875	6 412	2.77×10^{-29}	翻译
	2	9	6 412	7.61×10^{-16}	翻译

7.4 讨论

为探寻酸胁迫条件下关键蛋白调控网络及互作模式，从蛋白水平全面揭示酸土脂环酸芽孢杆菌独特的嗜酸调控机制。本研究对该菌响应酸应激的 15 种关键蛋白进行蛋白互作网络构建，通过 MCODE 进行聚类构建蛋白功能模块，利用 BinGO 插件对筛选识别出的差异蛋白模块进行功能注释，解析该菌酸应激关键蛋白的互作模式和调控网络。

通过 MCODE 算法对 acpP 蛋白互作模块进行分析，得到的两个模块均与脂质生物合成过程有关。而 acpP 是脂肪酸代谢的核心，是细胞内所有涉及酰基链的合成所必需的辅因子。因此，脂肪酸利用率的细微变化可能通过 acpP 传递[193]。推测 acpP 通过调节脂肪酸生物合成对酸应激做出响应，提高了菌体在酸胁迫条件下的适应能力。

groS 的靶点信息结果显示，与 tuf、groL、grpE、hrcA、dnaK 蛋白发生互作，通过对 groS 蛋白互作网络进行模块分析及功能注释发现，酸应激时，酸土脂环酸芽孢杆菌中的 groS 蛋白网络模块 1 与细胞大分子生物合成过程有关。细胞中的生物大分子主要有蛋白质、多糖、核酸、脂类等。在逆境中，抗性基因被启动，转录水平提高，RNA 含量增加，进而翻译合成较多的蛋白质[194]。肽聚糖是细胞壁的主要成分，而肽聚糖的合成有助于形成新的细胞壁，细胞壁的重塑可以增强菌株的耐酸能力[195]。groS 蛋白网络模块 2 与热应激有关。当温度升高时，大多数生物系统会诱导一组特定的蛋白质，称为热休克蛋白（HspS）。这种反应在原核生物和真核生物中几乎普遍存在且高度保守[195-198]。而 groEL 蛋白属于细菌热休克蛋白之一，它是高度保守的 Hsp60 家族的成员。近几年来，已有文献报道，其具有分子伴侣的功能[199]。在大肠杆菌中，groEL 对新合成的多肽三磷酸腺苷依赖性正确折叠，需要协同伴侣 groS 的共同参与[196]。所以，酸应激下 groS 可能通过与热休克蛋白协同作用对酸应激做出响应，进而提高菌体酸耐受性。

clpP 模块 1 与压力应激响应有关。clpP 是一种包含丝氨酸蛋白酶催化三联体结构域的 ATP 依赖的蛋白水解酶，可与分子伴侣 clpX 结合形成 clpXP 蛋白酶复合物，对细胞内蛋白质量控制及维持菌体稳态至关重要[200]。据报道，乳球菌属在酸热胁迫时能诱导 clpP 的表达增加，表明 clpP 在细菌的基础代谢中具有重要作用。本研究中，与 clpP 互作的蛋白除了 recA 为 DNA 修复蛋白外，hrcA、dnaK、grpE、clpX、groS、groL 均为热休克蛋白。由此推测，clpP 可能通过压力应激与热休克蛋白表达，对酸应激做出应答，进而保护酸胁迫环境中的酸土脂环酸芽孢杆菌。

与 greA 发生互作的蛋白主要有 groL、dnaK、rpoA、rpoB、nusB。有报告指出，greA 是细胞应激反应中调节子的一员，该蛋白与微生物在恶劣或限制性环境中的生存有关。主要被认为是影响转录暂停和停止的一个真正的“延长”因子[201]。模块分析发现，greA 模块 1 与转录有关，模块 2 与 tRNA 代谢过程有关，模块 3 与“转录终止”有关。

nusB 模块与 nusG 模块主要与转录有关。有研究表明，nusB 和 nusG 蛋白质可以结合到终止子附近的 DNA 位点，进而实现抗转录终止的目的[202]。因此，推测 nusB 与 nusG 可能通过抗终止和转录速率对酸土脂环酸芽孢杆菌酸应激做出响应。

String 数据库搜索得到与 rplQ 互作的蛋白主要有 rplP、rplD、rplV、rplM、rplB、rplX；与 rpsD 互作的蛋白主要有 rpsM、rpsG、rpsC、rpsS、rpsJ、rplE。rplQ 与 rpsD 这两种蛋白互作网络通过 MCODE 算法各得到一个功能模块，且均与翻译有关。运用 BinGO 插件对蛋白模块功能注释发现，rplL 模块 1、tuf 模块 1、rpsC 模块 1 也均与翻译有关。翻译是蛋白质生物合成过程中的第二步，依据遗传密码的中心法则，将成熟的信使 RNA 分子（由 DNA 通过转录而生成）中“碱基的排列顺序”（核苷酸序列）解码，并生成对应的特定氨基酸序列的过程[203]。在大肠杆菌中，rpsD位于α操纵子，编号为S4核糖体蛋白质作为α操纵子表达的调节因子，可以与α操纵子mRNA的靶位点结合[204]。由此推测，rplQ、rpsD、rplI、tuf、rpsC蛋白在酸土脂环酸芽孢杆菌酸应激时，可能通过翻译调控对酸胁迫做出应答。

PyrE模块主要与小分子代谢过程有关。机体内小分子物质是大分子物质合成的基础，直接参与大分子生物代谢的过程。一些小分子物质可以通过疏水和静电相互作用，氢键和小分子与核酸的键合[205]，对维持核酸结构的稳定起到重要作用。prs模块主要与嘌呤核苷生物合成过程有关，嘌呤核苷是核酸的主要组分之一，主要参与基因的复制、转录等过程，具有显著的生理功能[206]。嘌呤核苷可以为细菌的生长繁殖提供机体所必需的能量。在微生物中，转录阻遏、反馈抑制和前馈激活等调控方式都会对嘌呤核苷生物合成途径产生影响，进而影响细菌繁殖所需能量的供应，使细胞凋亡[207]。prs模块分析表明，酸应激下酸土脂环酸芽孢杆菌通过嘌呤核苷生物合成过程对该菌的生长繁殖的能量供应产生影响。

rplN模块与rplK模块主要与翻译有关。rplN是广泛物种中最保守和最大亚基的蛋白质之一，且基于其直接结合23S rRNA的能力而被认为是主要的RNA结合蛋白[208]。该蛋白对细菌细胞在稳定期和各种应激条件下的最佳存活有重要作用[209]。Auttawit[210]等研究了万古霉素敏感金黄色葡萄球菌（VSSA）、异质性万古霉素中间型金黄色葡萄球菌（hVISA）和万古霉素中间型金黄色葡萄球菌（VISA）（n=7株/组）的三组金黄色葡萄球菌分离株表型特征和蛋白表达谱，结果显示，rplN蛋白和DNA结合蛋白II（Hup）在VISA中增加，并参与了转录和翻译过程。rplK又叫50核糖体蛋白L11，被认为是核糖体的一部分，它可以调节促进翻译的GTP依赖因子的活性[211]。如果rplK蛋白缺失，不仅会阻断应激反应的激活，而且会显著降低细胞的生长速度[212]。还有证据表明，核糖体是热休克和冷休克反应的传感器，用核糖体特异性抗生素部分阻断翻译可提高与热休克和冷休克反应相关的蛋白质的合成[213]。

7.5　结论

本研究通过 String 数据库检索，初步获取了酸土脂环酸芽孢杆菌酸应激关键蛋白作用靶点，依据靶点信息构建其相关蛋白的互作网络图，利用 BinGO 插件对评分大于 3 的模块中包含的蛋白进行生物学功能注释，发现有 18 个蛋白模块参与的生物过程与翻译、转录、小分子代谢过程有关，12 个蛋白模块涉及脂质生物合成过程、热应激响应、压力应激响应、嘌呤核苷生物合成过程、tRNA 代谢过程等。通过热、酸应激关键蛋白互作网络预测与分析，筛选出互作蛋白种类最多的 DnaK 为酸土脂环酸芽孢杆菌响应热、酸应激的关键调控蛋白，从蛋白水平深入揭示了酸土脂环酸芽孢杆菌响应酸应激的分子调控机制。

8　嗜酸耐热关键蛋白 DnaK 的互作蛋白筛选

8.1　引言

生物体在极端条件下，会发生一系列复杂的变化，以保护细胞。其中蛋白质间的互作几乎参与了所有的生物过程并调控细胞的生理生化活性。因此，通过筛选目的蛋白的互作蛋白能更好地研究蛋白的功能作用，揭示蛋白参与生物体调节的机制。用于筛选互作蛋白的方法很多，而酵母双杂交法准确高效、快速简便，甚至可以检测不稳定的互作关系，因此酵母双杂交目前已被广泛应用于生物、食品、医药等各领域。

酵母双杂交是利用酵母活细胞检测蛋白间相互作用的重要手段，该技术无需进行蛋白纯化便可发现未知蛋白及其新功能[214]。酵母双杂交技术筛选互作蛋白的前提是成功构建酵母双杂交 cDNA 文库。一个文库能否用于酵母双杂交互作蛋白的筛选，需要从文库的代表性和 cDNA 的完整性来判断[215,216]。文库的代表性反映了细胞中的表达信息，可以用文库的库容量来表示[217]，文库容量应达到 1×10^6 CFU。cDNA 的完整性反映了 mRNA 序列是否完成，常用单克隆插入片段的大小来表示[220]。插入的片段应大小不一且平均长度应在 900bp 以上。只有满足建库要求，才能在一定程度上确保筛库结果的准确性，筛选出来的互作蛋白才有意义。目前，各国学者已根据不同目的成功构建了 cDNA 文库[217-220]。本书在筛选获得酸土脂环酸嗜酸耐热关键蛋白 DnaK 的基础上，利用 SMART 技术成功构建酸土脂环酸芽孢杆菌热应激关键蛋白的均一化酵母双杂交 cDNA 文库，筛选 DnaK 蛋白的互作蛋白，为揭示酸土脂环酸芽孢杆菌嗜酸耐热分子调控机制及开发耐热工业菌提供试验依据和理论基础。

8.2 试验方法

8.2.1 热应激关键蛋白总 RNA 提取

取热应激后等量菌体，加入 100μL 溶菌酶，振荡混匀，室温下酶解 3～10min 后立即加入 900μL Buffer Rlysis－B 振荡混匀，室温放置 3min。向已裂解样品中加入 200μL 氯仿，充分混匀后于 4℃，12 000r/min 离心 5min，弃上清。用 700μL 75％乙醇洗涤沉淀，4℃，12 000r/min 离心 3min，弃上清。重复洗涤步骤后，室温倒置 10min，使残留的乙醇彻底挥发，并加入 30～50μL DEPC 水溶解沉淀，1％琼脂糖凝胶电泳检测后，置于－80℃长期保存。

8.2.2 mRNA 的分离

稀释 1～5μg 的总 RNA 至 10μL，与探针进行杂交。

杂交反应体系（15μL）：rRNA prode（Bacteria）2μL，Prode Buffer 3μL，总 RNA 10μL。

杂交反应条件：95℃，2min；95～22℃，0.1℃/s；22℃，5min。

利用 RNase H 和 DNase I 在 37℃条件下分别消化杂交产物中的 RNA 和 DNA，并纯化去除核糖体的 RNA，具体操作方法：加入 110μL VAHTSTM RNA Clean Beads，轻轻吹打后于冰上静置 15min，使 RNA 与磁珠充分结合；将样品转移至磁力架后移除上清，加入 Nuclease－free H_2O 新鲜配制的 80％乙醇漂洗磁珠，室温孵育 30s，移除上清并开盖干燥磁珠 5～10min。从磁力架中取出样品加入 Nuclease－free H_2O，吹打混匀，静置澄清后收集上清，－80℃备用。

8.2.3 双链 cDNA 的合成与纯化

（1）一链合成

将 1μL mRNA、1μL SMART IV Oligonucleotide 与 1μL CDS—3M PCR Primer 均匀加入预冷的离心管中，混匀后瞬时离心，使混合物沉于管底，并进行 72℃、2min 的热激，随后置于冰上冷却 2min。向离心管中添加 2μL 5×First—Strand Buffer、1μL DDT、1μL dNTP Mix 与 1μL PowerScript™ Reverse Transcriptase，吹打混匀，于 25℃下保育 10min，并立即转入 42℃保育 1h。第一链产物置于－20℃下保存备用。

(2) 二链合成

采用 LD PCR 扩增 cDNA 第一链，以获得双链 cDNA。

LD PCR 反应体系（100μL）：第一链 cDNA 2μL，M1 PCR Primer 4μL，10×Advantage 2 PCR Buffer 10μL，50×dNTP Mix 2μL，50×Advantage 2 Polymerase Mix 2μL，水 80μL。

反应条件为 95℃，1min；95℃，10s；68℃，6min（每循环增加 5s）；20 个循环，68℃，5min；16℃，10min。

(3) 均一化处理

传统的 cDNA 文库构建后，会出现 mRNA 拷贝数低、丰度差别大等现象，成为文库筛选工作的巨大障碍。而均一化后的 cDNA 文库中，包含所有表达基因且含量大致相等，并且 mRNA 的丰度也趋于一致，很好地克服了基因转录水平中因巨大差异带来的筛选困难。为获得高质量完整的 cDNA 文库，利用 DSN 对合成的二链产物进行均一化处理。

2μL ds cDNA 中加入 4μL 杂交缓冲液，ddH_2O 补充体积至 16μL，98℃变性 2min，68℃杂交 5h；加入已 68℃预热的 DSN Master Buffer，混合均匀并快速置于 68℃环境下反应 10min，加入 DSN 酶解液后保温 25min；添加 10μL 的 Stop Solution，68℃反应 5min，以终止反应，获得均一化的 cDNA。

对均一化的 cDNA 进行两轮 LD PCR 扩增，以获得效率最高的 PCR 反应程序与样品。对最终 PCR 产物进行过柱回收纯化，1%琼脂糖凝胶电泳进行检测。

8.2.4 酵母双杂交 cDNA 文库构建

取纯化后的 ds cDNA 7μL 与酶切后的 pGADT7 三框载体 3μL 混合，加入重组酶及 ddH_2O，50℃反应 1h；Proteinase K 灭活重组酶，并补充 ddH_2O 至 100μL。依次加入 Glycogen 1μL、7.5mol/L NH_4OAc 50μL 和无水乙醇 375μL，混合均匀置于－80℃，1h 后取出并进行 4℃，

16 000r/min，30min 离心。去上清，加入 150μL 70%的乙醇，于 4℃，16 000r/min离心 3min。去上清，室温静置 5～10min，晾干 cDNA，10μL 的 DEPC 水重悬 cDNA 并混匀，瞬时离心 2s 收集 cDNA。将 2.5μL 重组产物电转化至 50μL 大肠杆菌感受态细胞，将转化后菌液加入终浓度 20%的甘油保存于－80℃。

8.2.5 文库库容和 cDNA 插入片段检测

取转化后菌液 10μL，稀释 1 000 倍后涂布于含氨苄抗性的 LB 固体平板，37℃培养 12～24h，计数并计算库容量。随机挑选平板上的单克隆 23 个，以 pGADT7 通用引物进行 PCR 扩增。并于 1%的琼脂糖凝胶电泳检测 cDNA 插入片段的大小。

CFU/mL＝平板单克隆数/100μL×1 000 倍×1 000；文库总 CFU＝CFU/mL×文库菌液总体积。文库的阳性率算法为：成功插入片段的个数/进行 PCR 反应总个数×100%。

8.3 结果分析

8.3.1 总 RNA 的提取

RNA 的质量是文库质量的关键影响因素之一。以 65℃处理酸土脂环酸芽孢杆菌 5min 的菌体为材料，提取总 RNA，经 1%琼脂糖凝胶电泳检测，结果如图 8－1 所示。可观察到 3 条清晰的条带，分别为 28S、18S 和 5S RNA，说明提取的总 RNA 没有降解，完整性好，符合建库的要求。

8.3.2 双链 cDNA 的合成与纯化

以 2μL RNA 为模板，反转录合成第一条链，两轮 LD PCR 扩增后获得 ds cDNA，对其进行均一化处理，并过柱纯化。由图 8－2 所示，双链 cDNA 在均一化后，呈现均匀弥散的条带，且主要分布于 500bp 以上，表明文库的丰度均匀。

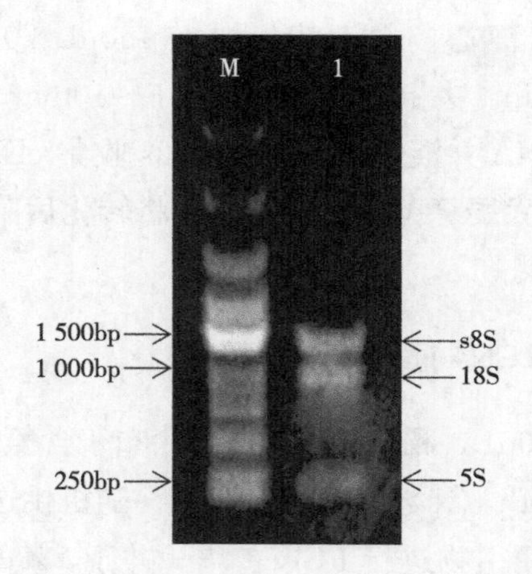

图 8-1 热应激关键蛋白总 RNA 电泳检测

M. DNA marker DL 10 000 1. 总 RNA

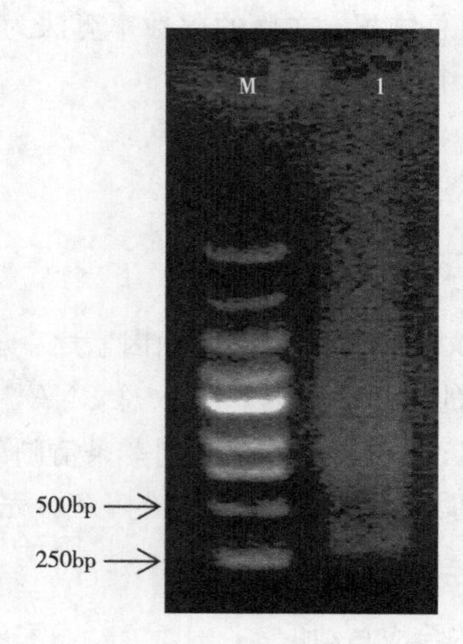

图 8-2 均一化后 cDNA 检测

M. DNA marker DL 10 000 1. 均一化 cDNA

8.3.3 均一化酵母双杂交 cDNA 文库的构建及质量评价

将过柱纯化后的 ds cDNA 与 pGADT7 共转化至大肠杆菌感受态细

胞，转化后的菌落生长情况如图 8－3 所示。菌落计数后计算得到初始的文库库容大于 1×10^6CFU，从文库中随机挑选 23 个单克隆进行 PCR 扩增，结果如图 8－4 所示，平均插入片段大于 900bp，阳性率＞95%，符合文库构建标准。

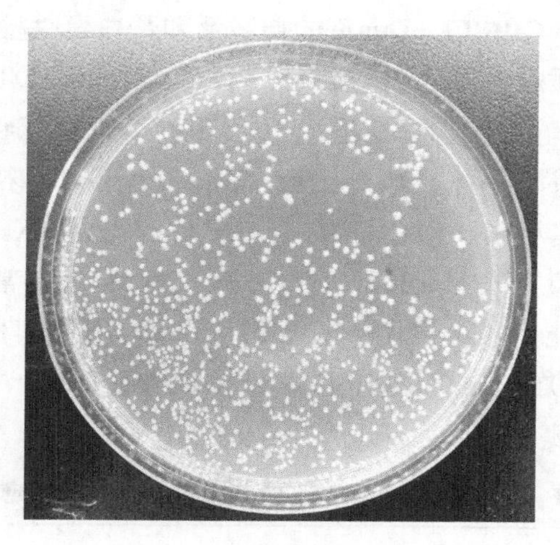

图 8－3　均一化文库的菌落生长情况

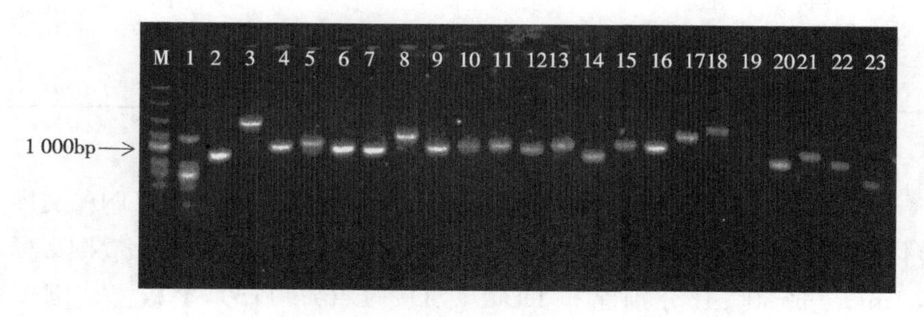

图 8－4　均一化文库插入片段大小检测

M. DL 10 000 DNA marker　1～23. 文库插入片段

8.3.4　DnaK 蛋白的互作蛋白筛选

1. 诱饵载体 pGBKT7－DnaK 的构建

将 PCR 扩增的目的基因 DnaK、载体 PGBKT7 分别用 *EcoR I* 和 *Nde I* 进行双酶切，用 DNA 凝胶回收试剂盒回收纯化目的片段与载体片段，经 T4DNA 连接酶 16℃过夜连接，产物经热激法转化进大肠杆菌感受态细胞中，用含 50μg/mL Kan 的 LB 平板筛选转化子，提取转化子的质粒用 *EcoR I* 和 *Nde I* 双酶切鉴定，将鉴定呈阳性的质粒测序，序列正确的质粒即为诱饵载体 pGBKT7 - DnaK。

2. 重组质粒 pGBKT7 - DnaK 的自激活和蛋白毒性检测

将共转重组质粒 pGBKT7（BD）- DnaK 和 pGADT7（AD）空载体的 Y2HGold 菌株涂布于选择性平板 SD/- Trp 和 SD/- Trp/- His/- Ade/X - a - gal 培养基上进行培养。结果显示，在 SD/- Trp 培养基上，实验组和阴性对照组均正常生长，而在 SD/- Trp/- His/- Ade/X - a - gal 三缺培养基上，阳性对照组［Y2Hgold（pGBKT7 - GAL4)］正常生长，但实验组和阴性对照组不能生长，说明 pGBKT7 - DnaK 基因对酵母菌没有毒性，且 pGBKT7（BD）- DnaK 载体在酵母菌株 Y2HGold 中无自激活活性，因此可以用于后续文库筛选（表 8 - 1）。

表 8 - 1　重组质粒 pGBKT7 - DnaK 的自激活和蛋白毒性检测

实验组	SD/- Trp	SD/- Trp/- His/- Ade/X - a - gal
Y2Hgold［pGBKT7］	正常生长	不生长
Y2Hgold［pGBKT7 - DNAK］	正常生长	不生长
Y2Hgold［pGBKT7 - GAL4］	正常生长	生长且变蓝

3. 互作蛋白的筛选与分离

将 pGBKT7 - DnaK 载体与酸土脂环酸芽孢杆菌热应激 cDNA 文库共转化酵母菌 Y2HGold 感受态细胞，各取 10μL 转化液用 0.9% NaCl 稀释至 1mL，取 300μL 分别涂布 DDO（SD/- Leu/- Trp）平板上，倒置于 30℃培养箱内培养 5d，DDO 平板上菌斑数＞1 000，经统计，转化率≥ 1.0×10^6 CFU。剩余转化液全部涂布于 80 个 QDO（SD/- Leu/- Trp/- His/- Ade）平板上，倒置于 30℃培养箱内培养 5d，挑选阳性单克隆进一步接种至 QDO 固体培养基进行筛选。

4. 阳性克隆子转接及测序

对 QDO 固体培养基上的菌落进行 PCR 扩增，将单一条带的菌落进行测序，共 100 个样品，其中 70 个测序成功，随后进行 BLAST 分析，35

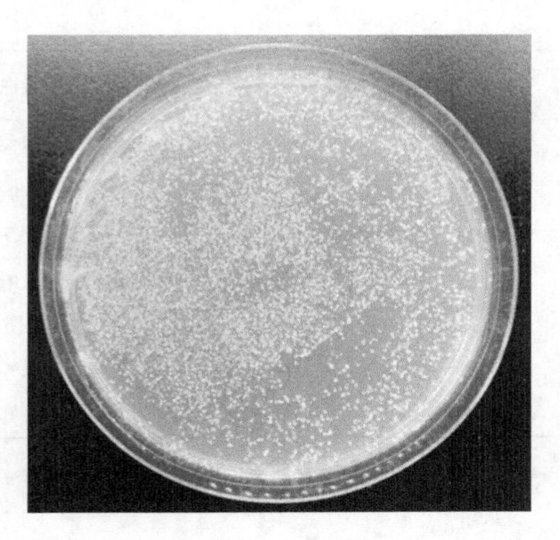

图 8-5 候选蛋白在 DDO 固体培养基上的筛选

个序列比对成功。根据基因号进行分类，得到了 17 个基因序列，通过 NCBI 网站查找其蛋白序列。如表 8-2 所示，DnaK 与 ATP 结合蛋白、DNA 修复蛋白（脱氧核糖核酸外切酶Ⅶ、能力/损伤诱导蛋白 A）、代谢相关蛋白（如 5′-脱氧腺苷脱氨酶、葡萄糖酸激酶、L-谷氨酸 γ 半醛脱氢酶）、信号转导蛋白（组氨酸激酶）、芽孢萌发蛋白、转运蛋白（如 MFS 转运蛋白）等互作。

表 8-2 DnaK 可能互作的蛋白

编号	重复次数	蛋白描述
1	5	ATP 结合蛋白
2	1	5′-脱氧腺苷脱氨酶
3	1	MFS 转运蛋白
4	1	葡萄糖酸激酶
5	1	铁硫簇合蛋白
6	1	组氨酸激酶
7	1	SpoIVB 肽酶
8	1	L-谷氨酸 γ 半醛脱氢酶
9	2	芽孢萌发蛋白
10	1	脱氧核糖核酸外切酶Ⅶ

（续）

编号	重复次数	蛋白描述
11	1	FAD结合蛋白
12	5	鞭毛钩长控制蛋白 FliK
13	9	含螺旋结构域蛋白
14	1	丝氨酸重组酶
15	2	能力/损伤诱导蛋白 A
16	1	未知蛋白
17	1	未知蛋白

8.4 讨论

热休克蛋白广泛存在于人体、植物和微生物中。正常环境下，热休克蛋白能够监测蛋白质的作用，帮助新合成的蛋白质正确折叠，对细胞的正常生理代谢也起着重要作用[170]。当生物体受到温度、渗透压等逆境胁迫时，热休克蛋白的高效表达使其适应环境的改变，达到细胞内稳态[221]。大多数热休克蛋白隶属于两类：一类是分子伴侣；另一类是依赖于 ATP 的蛋白酶。分子伴侣确保多肽的正确折叠或组装，一些热休克蛋白可以识别错误折叠或去折叠的蛋白质，并将它们标记上泛素，以供蛋白酶体降解[222]，蛋白酶则通过泛素—蛋白酶体通路将那些不能恢复正确三维结构的蛋白质降解，清除严重受损的蛋白质，较好地维持内环境的稳定[223]。

DnaK/DnaJ/GrpE 家族是研究最深入的主要因热激等非生物胁迫诱导而产生的伴侣蛋白，对多种微生物（革兰氏阴性菌以大肠杆菌为代表，革兰氏阳性菌有枯草芽孢杆菌、变形链球菌等）的抗逆性具有重要的调控作用[224-226]。在研究乳酸菌对环境胁迫的应激反应及调控机制时发现，该菌应对热、酸胁迫的相关蛋白具有很高的重叠性，热应激相关蛋白如 DnaK - DnaJ - GrpE 和 GroEL - GroES，在酸胁迫下也会诱导合成[227]。酸土脂环酸芽孢杆菌在应对外界酸、热胁迫时，分子伴侣蛋白 DnaK、DnaJ 的 mRNA 表达量和蛋白表达量在短时间内也都显著上调[74,75,228]，通过热、酸应激关键蛋白互作网络预测与分析，预测 DnaK 是酸土脂环酸芽孢杆菌响应热、酸应激的关键蛋白之一，这与乳酸菌应对酸、热胁迫的相关蛋白相一致。为深入探索 DnaK 蛋白对酸土脂环酸芽孢杆菌嗜酸耐热生理适应特性的调控机制，本研究以 DnaK 为诱饵蛋白，利用酵母双杂交技术筛选得到了热应激过程中与 DnaK 互作的蛋白有 17 种，包括 ATP 结合蛋白、DNA 修复蛋白、代谢相关蛋白、信号转导蛋白、芽孢相关蛋白、转运蛋白等。表明酸土脂环酸芽孢杆菌 DnaK 蛋白在该菌应对热胁迫过程中，不但是行使了分子伴侣功能，而且参与了代谢途径、DNA 修复途径、芽孢及信号转导通路的调控。据报道，细菌对热应激的响应机制主要包括分子伴侣蛋白、DNA 修复、σ 因子、双组分或者三组分调节系统、小分子非编码 RNA、严谨反应、调节细胞被膜合成等[229]。当细菌面对环境压力时，能通过调整特异的调节子调控全局性的信号网络，改变碳源及氮源代谢等营养利用途径，以调节自身的耐受程度，这在多种细菌应激反应研究中已被证实[230,231]。与其他细菌一样，酸土脂环酸芽孢杆菌应对高温应激反应时，能量代谢及氨基酸代谢也发生了显著改变[232]。作为芽孢杆菌，外界环境胁迫条件能诱导酸土脂环酸芽孢杆菌营养菌体形成芽孢，这在本课题组前期研究中也被证实。DNA 损伤修复是细菌应激条件下存活的重要机制，具有强适应性的耐辐射异常球菌被认为是“世界上最顽强的细菌”，就是通过该菌有效的 DNA 修复途径和强抗氧化机制保护来实现它的抗环境胁迫能力的[233-235]。目前研究发现，Dnak 蛋白对不同微生物生理特性的调控存在多样性。Zou 等[236]研究表明，大肠杆菌中的伴侣蛋白 DnaK 可以增强 DNA 修复酶 UrvA 在高酸条件下的稳定性，从而确保 DNA 损伤修复机制的正常进行。李刚等[237]在嗜碱菌 *Bacillus* sp. N16－5 中鉴定出了分子伴侣蛋白，并证明其与细菌的代谢及能量合成有关。另外，变形链球菌的 DnaK 伴侣系统可以调节大肠杆菌热休克转录因子 σ^{32} 的活性和稳定性，修复 DnaK 基因缺失的大肠杆菌突变菌株对酸和高温的敏感性[226]。乳酸菌应对热应激时，发现其 DnaK 蛋白与碳分解代谢物阻遏（CCR）效应的关键调控因子分解代谢物控制蛋白 CcpA 存在交互作用[227]。这些研究结果表明，DnaK 伴侣系统对各种微生物的生理特性具有特异的调控机制。目前，芽孢杆菌中 DnaK 伴侣系统与芽孢相关蛋白及 DNA 修复相关蛋白 CinA 的互作调控未见报道。但有研究发现，去泛素化酶 A20/TNFAIP3 能够通过影响组蛋白 H2A 泛素化来调控 DNA 损伤应答（DDR），揭示了 DNA 损伤应答调控的新机制[238]。酸土脂环酸芽孢杆菌 DnaK 蛋白也可能通过识别应激条件下错误折叠或去折叠的蛋白质，并将它们标记上泛素而介导 DNA 的修复。我们知道，尽管许多调节元件在不同的细菌中是保守的，但在不同细菌中却可能存在不同的调控机制，研究不断发现并证明存活于特定环境中的细菌都有新的基因调节元件[229]。酸土脂环酸芽孢杆菌 DnaK 蛋白是否通过调控 DNA 修复途径来实现其独特的嗜酸耐热生理适应机制仍需要进一步探索和研究。

8.5 结论

本研究成功构建了酸土脂环酸芽孢杆菌热应激关键蛋白的均一化 cDNA文库，文库容量大于 1×10^6 CFU，平均插入片段大于 900bp，阳性率大于 95%，满足建库要求。以 DnaK 蛋白为诱饵质粒，利用酵母双杂交技术筛选得到了 17 种可能与 DnaK 互作的蛋白，包括 ATP 结合蛋白、DNA 修复蛋白（脱氧核糖核酸外切酶Ⅶ、能力/损伤诱导蛋白 A)、代谢相关蛋白（如 5′-脱氧腺苷脱氨酶、葡萄糖酸激酶、L -谷氨酸 γ 半醛脱氢酶)、信号转导蛋白（组氨酸激酶)、芽孢萌发蛋白、转运蛋白（如 MFS 转运蛋白），推测酸土脂环酸芽孢杆菌 DnaK 蛋白可能通过调控 DNA 修复途径来实现其独特的嗜酸耐热生理适应机制。

参 考 文 献

[1] Uchino F, Doi S, Acido - thermophilic bacteria from thermal waters [J]. Agricultural and Biological Chemistry, 1967, 7 (31): 817 - 822.

[2] Darland G, Brock T D, *Bacillus acidocaldarius* sp. nov. an acidophilic thermophilic spore - forming bacterium [J]. Journal of General Microbiology, 1971, 67 (1): 9 - 15.

[3] Wisotzkey J D, Jurtshuk P Jr, Fox G E et al., Comparative sequence analyses on the 16s rRNA (rDNA) of *Bacillus acidocaldarius*, *Bacillus acidoterresstris*, and *Bacillus cycloheptanicus* and proposal for creation of a new genus *Alicyclobacillus* gen. nov [J]. International of Journal of Systematic Bacteriology, 1992, 2 (42): 263 - 269.

[4] 郦惠燕，邵靖宇，嗜热菌的耐热分子机制 [J]. 生命科学，2000 (01): 30 - 33.

[5] Tianli Y, Jiangbo Z, Yahong Y, Spoilage by *Alicyclobacillus* bacteria in juice and beverage products: chemical, physical, and combined control methods [J]. Comprehensive Reviews in Food Science and Food Safety, 2014, 13 (5): 771 - 797.

[6] Eiroa M N, Junqueira V C, Schmidt F L, *Alicyclobacillus* in orange juice: occurrence and heat resistance of spores [J]. Journal of Food Protection, 1999, 62 (8): 883.

[7] Maldonado M C, Belfiore C, Navarro A R, Temperature, soluble solids and pH effect on *Alicyclobacillus acidoterrestris* viability in lemon juice concentrate [J]. Journal of Industrial Microbiology and Biotechnology, 2008, 35 (2): 141 - 144.

[8] Silva F M, Gibbs P, Vieira M C, et al., Thermal inactivation of *Alicyclobacillus acidoterrestris* spores under different temperature, soluble solids and pH conditions for the design of fruit processes [J]. International Journal of Food Microbiol, 1999, 51 (2 - 3): 95 - 103.

[9] Ceviz G, Tulek Y, Con A H, Thermal resistance of *Alicyclobacillus acidoterrestris* spores in different heating media [J]. International Journal of Food Science & Technology, 2009, 44 (9): 1770 - 1777.

[10] Yamazaki K, Kawai Y, Inoue N, et al., Influence of sporulation medium and divalentions on the heat resistance of *Alicyclobacillus acidoterrestris* spores [J]. Letters

in Applied Microbiology，1997，25（2）：153-156.

[11] Goto K，Mochida K，Asahara M，et al.，*Alicyclobacillus pomorum* sp. nov.，a novel thermo-acidophilic，endospore-forming bacterium that does not possess omega-alicyclic fatty acids，and emended description of the genus *Alicyclobacillus* [J]. International Journal of Systematic and Evolutionary Microbiology，2003，53（Pt 5）：1537-1544.

[12] Feil C，Sussmuth R，Jung G，et al.，Site-directed mutagenesis of putative active-site residues in squalene-hopene cyclase. [J]. European Journal of Biochemistry，1996，242（1）：51-55.

[13] Bai Y，Wang J，Zhang Z，et al.，A new xylanase from thermoacidophilic *Alicyclobacillus* sp A4 with broad-range pH activity and pH stability [J]. Journal of Industrial Microbiology and Biotechnology，2010，37（2）：187-194.

[14] Shemesh M，Pasvolsky R，Sela N，et al.，Draft Genome Sequence of *Alicyclobacillus acidoterrestris* Strain ATCC 49025 [J]. Genome Announcements，2013，1（5）：1-2.

[15] Pilar Fernández J A G M，Detection and quantification of *Alicyclobacillus acidoterrestris* by electrical impedance in apple juice [J]. Food Microbiol，2017. Dec；68：34-40.

[16] 徐茜茜，酸土脂环酸芽孢杆菌（*Alicyclobacillus acidoterrestris*）芽孢形成及低 pH 条件下芽孢萌发的蛋白组学研究 [D]. 河南科技学院，2017.

[17] Bahceci K S，Acar J，Modeling the combined effects of pH，temperature and ascorbic acid concentration on the heat resistance of *Alicyclobacillus acidoterrestis* [J]. International Journal of Food Microbiology，2007，120（3）：266-273.

[18] 冯鑫，何承云，徐茜茜，等，培养基成分对酸土脂环酸芽孢杆菌生长及芽孢形成的影响 [J]. 食品工业科技，2018（19）：84-89.

[19] Osopale B A，Adewumi G A，Witthuhn R C，et al.，A review of innovative techniques for rapid detection and enrichment of *Alicyclobacillus* during industrial processing of fruit juices and concentrates [J]. Food Control，2019，99：146-157.

[20] Steyn C E，Cameron M，Witthuhn R C，Occurrence of *Alicyclobacillus* in the fruit processing environment-A review [J]. International Journal of Food Microbiology，2011，147（1）：1-11.

[21] Smit Y，Cameron M，Venter P，et al. *Alicyclobacillus* spoilage and isolation-A review [J]. Food Microbiology，2011，28（3）：331-349.

[22] 王周利，蔡瑞，岳田利，等，果汁中脂环酸芽孢杆菌识别与控制研究进展 [J]. 农

业机械学报，2016，10：221-243.

[23] 宋国胜，李琳，胡松青，傅立叶红外光谱应用研究进展 [J]. 现代食品科技，2010，26（04）：402-405.

[24] Lin M，Al-Holy M，Chang S，et al.，Rapid discrimination of *Alicyclobacillus* strains in apple juice by Fourier transform infrared spectroscopy [J]. International Journal of Food Microbiology，2005，105（3）：369-376.

[25] Groenewald W H，Gouws P A，Witthuhn R C，Isolation and identification of species of *Alicyclobacillus* from orchard soil in the Western Cape，South Africa [J]. Extremophiles，2008，12（1）：159-163.

[26] 邢玮玮．酶联免疫吸附法在食品安全检测中的应用综述 [J]. 柳州职业技术学院学报，2018，18（01）：121-125.

[27] Mast S，Dietrich R，Didier A，et al.，Development of a polyclonal antibody-based sandwich enzyme-linked immunosorbent assay for the detection of spores of *Alicyclobacillus acidoterrestris* in various fruit juices [J]. Journal of Agricultural and Food Chemistry，2016，64（2）：497-504.

[28] 徐赛，陆华忠，吕恩利，等，仿生电子鼻对食品货架期识别进展研究 [J]. 中国农机化学报，2016，37（07）：154-160.

[29] Gobbi E，Falasconi M，Concina I，et al.，Electronic nose and *Alicyclobacillus* spp. spoilage of fruit juices：An emerging diagnostic tool [J]. Food Control，2010，21（10）：1374-1382.

[30] 叶建芳，李文俊，赵文超，等，分光光度计法快速检测果汁中嗜热耐酸菌 [J]. 食品科学，2011（14）：241-244.

[31] 安代志，白淼，张灿，等，顶空固相微萃取—气相色谱/质谱联用分析果汁中愈创木酚和2，6-二溴苯酚 [J]. 分析试验室，2016，35（04）：440-442.

[32] Lopez M，Garcia P，Munoz-Cuevas M，et al.，Thermal inactivation of *Alicyclobacillus acidoterrestris* spores under conditions simulating industrial heating processes of tangerine vesicles and its use in time temperature integrators [J] European Food Research and Technology，2011，232（5）：821-827.

[33] Chen W，Inactivation of *Alicyclobacillus acidoterrestris* using high pressure homogenization and dimethyl dicarbonate [D]. Knoxville：University of Tennessee，2010.

[34] Anet Režek Jambrak M Š S E，Influence of high power ultrasound on selected moulds，yeasts and *Alicyclobacillus acidoterrestris* in apple，cranberry and blueberry juice and nectar. [J]. Ultrasonics，2018，83：3-17.

[35] Tremarin A，Brandão T R S，Silva C L M，Application of ultraviolet radiation and

ultrasound treatments for *Alicyclobacillus acidoterrestris* spores inactivation in apple juice [J]. LWT - Food Science and Technology, 2017, 78: 138 - 142.

[36] Baysal A H, Molva C, Unluturk S, UV - C light inactivation and modeling kinetics of *Alicyclobacillus acidoterrestris* spores in white grape and apple juices [J]. International Journal of Food Microbiology, 2013, 166 (3): 494 - 498.

[37] Kawase K Y F, Luchese R H, Coelho G L, Micronized benzoic acid decreases the concentration necessary to preserve acidic beverages against *Alicyclobacillus* [J]. Journal of Applied Microbiology, 2013, 115 (2): 466 - 474.

[38] Torlak E, Efficacy of ozone against *Alicyclobacillus acidoterrestris* spores in apple juice [J]. International Journal of Food Microbiology, 2014, 172: 1 - 4.

[39] Lee S Y, Ryu S R, Kang D H, Treatment with chlorous acid to inhibit spores of *Alicyclobacillus acidoterrestris* in aqueous suspension and on apples [J]. Letters in Applied Microbiology, 2010, 51 (2): 164 - 169.

[40] Komitopoulou E, Boziaris I S, Davies E A, et al., *Alicyclobacillus acidoterrestris* in fruit juices and its control by nisin [J]. International Journal of Food Science and Technology, 1999 (34): 81 - 85.

[41] Piskernik S, Klančnik A, Demšar L, et al., Control of *Alicyclobacillus* spp. vegetative cells and spores in apple juice with rosemary extracts [J]. Food Control, 2016, 60: 205 - 214.

[42] Molva C, Baysal A H, Evaluation of bioactivity of pomegranate fruit extract against *Alicyclobacillus acidoterrestris* DSM 3922vegetative cells and spores in apple juice [J]. LWT - Food Science and Technology, 2015, 62 (2): 989 - 995.

[43] Molva C, Baysal A H, Antimicrobial activity of grape seed extract on *Alicyclobacillus acidoterrestris* DSM 3922vegetative cells and spores in apple juice [J]. LWT - Food Science and Technology, 2015, 60 (1): 238 - 245.

[44] Ruiz S P, Anjos M M, Carrara V S, et al., Evaluation of the antibacterial activity of piperaceae extracts and nisin on *Alicyclobacillus acidoterrestris* [J]. Journal of Food Science, 2013, 78 (11): 1772 - 1777.

[45] Wilkins M, Biotechnol. Genet [J]. Eng. Rev., 1996, 13: 19 - 50.

[46] 陈玲玲，敖汉苜蓿小花与种子响应硼胁迫的蛋白质组学与代谢组学分析 [D]. 中国农业大学，2017.

[47] 张亚，应用非标记定量蛋白质组学技术筛选胃癌差异表达蛋白 [D]. 泰山医学院，2011.

[48] 周晓英，应用非标记定量蛋白质组学技术筛选基质小泡矿化相关蛋白 [D]. 济南大

学，2013.
[49] 陈秋月，采用转录组、蛋白质组和磷酸化蛋白质组方法分析鸡卵泡选择的分子机制 [D]. 山东农业大学，2020.
[50] 郭会灿，蛋白质翻译后修饰研究进展 [J]. 生物技术通报，2011，07：18-21.
[51] 任静，基于磷酸化蛋白质组学苹果砧木干旱胁迫响应的分子机理研究 [D]. 甘肃农业大学，2017.
[52] 朱力，王恒樑，黄培堂，蛋白质组学在细菌应激反应研究中的应用. 生物技术通讯，2007，18 (3)：511-514.
[53] Suo B，Yang H，Wang Y，et al.，Comparative proteomic and morphological change analyses of *Staphylococcus aureus* during resuscitation from prolonged freezing [J]. Frontiers in Microbiology，2018，9：866-876.
[54] Koponen J，Laakso K，Koskenniemi K，et al.，Effect of acid stress on protein expression and phosphorylation in *Lactobacillus rhamnosus* GG [J]. Journal of Proteomics，2012，75 (4)：1357-1374.
[55] 魏成国，基于生物信息学的麻疹病毒分子进化及肠道病毒鉴定分型研究 [D]. 吉林大学，2013.
[56] 赵屹，谷瑞升，杜生明，生物信息学研究现状及发展趋势 [J]. 医学信息学杂志，2012，33 (5)：2-6.
[57] 邹平，基于生物信息学与QSAR及分子对接的菜粕活性肽筛选及活性研究 [D]. 浙江大学食品科学，2014.
[58] 孟双，徐冲，陈丽媛，等，生物信息学在生物学研究领域的应用 [J]. 微生物学杂志，2011，31 (1)：78-81.
[59] 徐建华，朱家勇，生物信息学在蛋白质结构与功能预测中的应用 [J]. 医学分子生物学杂志，2005 (3)：227-232.
[60] 宋顺意，乳酸乳球菌 F44 非编码 RNA s263 的鉴定及功能研究 [D]. 天津大学，2018.
[61] 张良，陈小青，宋佳宇，等，巴洛沙星胁迫下大肠杆菌的比较蛋白质组学研究 [J]. 生物技术通报，2019，035 (003)：103-109.
[62] 张祎焜，基于转录组的大肠杆菌热胁迫响应过程的研究 [D]. 华中农业大学，2017.
[63] 任真真，基于蛋白互作网络模块分析的丹七类方作用机制研究 [D]. 北京中医药大学，2014.
[64] Sun H，Cai X，Zhou H，et al.，The protein-protein interaction network and clinical significance of heat-shock proteins in esophageal squamous cell carcinoma [J].

Amino Acids，2018，50（6）：685-697.

[65] Pang K，Sheng H，Ma X，Understanding gene essentiality by finely characterizing hubs in the yeast protein interaction network [J]. Biochemical and Biophysical Research Communications，2010，401（1）：112-116.

[66] Han Y，Song J，Wang L，et al.，Prediction and characterization of protein-protein interaction network in *Bacillus licheniformis* WX-02 [J]. Scientific Reports，2016，6（1）. 19486.

[67] Knudsen C R，Jadidi M，Friis I，et al.，Application of the yeast two-hybrid system in molecular gerontology [J]. Biogerontology，2002，3（4）：243-256.

[68] 刘爱丽，采用酵母双杂交技术筛选热激反应相关剪接因子的互作蛋白 [D]. 华中师范大学，2016.

[69] Rain J，Selig L，De Reuse H，et al.，The protein-protein interaction map of Helicobacter pylori [J]. Nature，2001，409：211-215.

[70] 卢恒，利用酵母双杂交系统筛选与禽呼肠孤病毒 σA 蛋白相互作用的宿主蛋白及其初步验证 [D]. 广西大学，2017.

[71] Hoe C，Raabe C A，Rozhdestvensky T S，et al.，Bacterial sRNAs：regulation in stress [J]. International Journal of Medical Microbiology，2013，303（5）：217-229.

[72] Nonaka G，Regulon and promoter analysis of the *E. coli* heat-shock factor，σ^{32}，reveals a multifaceted cellular response to heat stress [J]. Genes and Development，2006，20（13）：1776-1789.

[73] Periago P M，van Schaik W，Abee T，et al.，Identification of proteins involved in the heat stress response of *Bacillus cereus* ATCC 14579 [J]. Applied and Environmental Microbiology，2002，68（7）：3486-3495.

[74] Jiao L，Fan M，Hua C，et al.，Expression of *DnaJ* gene in *Alicyclobacillus acidoterrestris* under stress conditions by quantitative real - time PCR [J]. Journal of Food Science，2012，77（8）：M446-M451.

[75] Jiao L，Ran J，Xu X，et al.，Heat，acid and cold stresses enhance the expression of *DnaK* gene in *Alicyclobacillus acidoterrestris* [J]. Food Research International，2015，67：183-192.

[76] Wiśniewski J R，Zougman A，Nagaraj N，et al.，Universal sample preparation method for proteome analysis [J]. Nature Methods，2009，6（5）：359-362.

[77] Livak K J，Schmittgen T D，Analysis of relative gene expression data using real-time quantitative PCR and the $2^{-\Delta\Delta CT}$ method [J]. Methods，2001，25（4）：402-

408.

[78] Roncarati D, Scarlato V, Regulation of heat - shock genes in bacteria: from signal sensing to gene expression output [J]. FEMS Microbiol Review, 2017, 41 (4): 549 - 574.

[79] Mishra R C, Grover A, ClpB/Hsp100 proteins and heat stress tolerance in plants [J]. Critical Reviews in Biotechnology, 2016, 36 (5): 862 - 874.

[80] Bae W, Phadtare S, Severinov K, et al., Characterization of *Escherichia coli* cspE, whose product negatively regulates transcription of cspA, the gene for the major cold shock protein. [J]. Molecular microbiology, 1999, 31 (5): 1429 - 1441.

[81] Wouters J A, Mailhes M, Rombouts F M, et al., Physiological and regulatory effects of controlled overproduction of five cold shock proteins of *Lactococcus lactis* MG1363 [J]. Applied and Environmental Microbiology, 2000, 66 (9): 3756 - 3763.

[82] Bae W, Xia B, Inouye M, et al., *Escherichia coli* CspA - family RNA chaperones are transcription antiterminators [J]. Proceedings of the National Academy of Sciences of the United States of America, 2000, 97 (14): 7784 - 7789.

[83] Sand O, Phenotypic Characterization of overexpression or deletion of the *Escherichia coli* crcA, cspE and crcB genes [J]. Microbiology, 2003, 149 (8): 2107 - 2117.

[84] Purschke M, Laubach H, Rox Anderson R, et al., Thermal injury causes DNA damage and lethality in unheated surrounding cells: active thermal bystander effect [J]. Journal of Investigative Dermatology, 2010, 130 (1): 86 - 92.

[85] Fishel R, Mismatch repair [J]. Journal of Biological Chemistry, 2015 (290): 26359 - 26403.

[86] Singh T, Sehgal M, Identification and analysis of biomarkers for mismatch repair proteins: A bioinformatic approach [J]. Journal of Natural Science, Biology and Medicine, 2012, 3 (2): 139.

[87] Tessmer I, Yang Y, Zhai J, et al., Mechanism of MutS searching for DNA mismatches and signaling repair [J]. Journal of Biological Chemistry, 2008, 283 (52): 36646 - 36654.

[88] Guarné A, The functions of MutL in mismatch repair: the power of multitasking [J]. Progress in Molecular Biology and Translational Science, 2012, 110: 41 - 70.

[89] Amundsen S K, Fero J, Hansen L M, et al., *Helicobacter pylori* AddAB helicase - nuclease and RecA promote recombination - related DNA repair and survival during stomach colonization [J]. Molecular Microbiology, 2008, 69 (4): 994 - 1007.

[90] Morelle S, Carbonnelle E, Matic I, et al., Contact with host cells induces a DNA repair system in pathogenic *Neisseriae* [J]. Molecular Microbiology, 2005, 55 (3): 853 - 861.

[91] Jordan S, Hutchings M I, Mascher T, Cell envelope stress response in Gram - positive bacteria [J]. FEMS Microbiology, 2008 (32): 107 - 146.

[92] Chilton P, Isaacs N S, Mañas P, et al., Biosynthetic requirements for the repair of membrane damage in pressure - treated *Escherichia coli* [J]. International Journal of Food Microbiology, 2001, 71 (1): 101 - 104.

[93] Van Bogelen R A, Neidhardt F C, Ribosomes as sensors of heat and cold shock in *Escherichia coli* [J]. Proceedings of the National Academy of Sciences of the United States of America, 1990, 87 (15): 5589 - 5593.

[94] Sengupta P, Garrity P, Sensing temperature [J]. Current Biology, 2013, 23 (8): 304 - 307.

[95] Ye Y, Zhang L, Hao F, et al., Global metabolomic responses of *Escherichia coli* to heat stress [J]. Journal of Proteome Research, 2012, 11 (4): 2559 - 2566.

[96] Fleury, B, Kelly, W. L et al., Transcriptomic and metabolic response of *Staphylococcus aureus* exposed to supraphysiological temperatures [J]. BMC Microbiology, 2009, 9: 1 - 12.

[97] Yoon V, Nodwell J R, Activating secondary metabolism with stress and chemicals [J]. Journal of Industrial Microbiology and Biotechnology, 2014, 41 (2): 415 - 424.

[98] Ruiz B, Chávez A, Forero A, et al., Production of microbial secondary metabolites: regulation by the carbon source [J]. Critical Reviews in Microbiology, 2010, 36 (2): 146 - 167.

[99] Phelan V V, Liu W, Pogliano K, et al., Microbial metabolic exchange - the chemotype - to - phenotype link [J]. Nature Chemical Biology, 2011, 8 (1): 26 - 35.

[100] Cheung K J, Badarinarayana V, Selinger D W, et al., A microarray - based antibiotic screen identifies a regulatory role for supercoiling in the osmotic stress response of *Escherichia coli* [J]. Genome Research, 2003, 13 (2): 206 - 215.

[101] Papillon J, Ménétret J, Batisse C, et al., Structural insight into negative DNA supercoiling by DNA gyrase, a bacterial type 2A DNA topoisomerase [J]. Nucleic Acids Research, 2013, 41 (16): 7815 - 7827.

[102] Calvert E, Spring, Stoker. Investigations into the biosynthesis of novobiocin [J]. Journal of Pharmacy and pharmacology, 1973, 25: 211 - 512.

[103] Lüders S, Fallet C, Franco - Lara E, Proteome analysis of the *Escherichia coli* heat shock response under steady - state conditions [J]. Proteome Science, 2009, 7 (1): 1 - 15.

[104] Diamant S, Eliahu N, Rosenthal D, et al., Chemical chaperones regulate molecular chaperones in vitro and in cells under combined salt and heat stresses [J]. Genes and Development, 2001, 276: 39586 - 39591.

[105] Van de Cuchte M, Serror P, Chervaux C, et al., Stress responses of lactic acid bacteria [J]. Antonie Leeuwenhoek International Journal of General and Molecular Microbiology, 2002 (82): 187 - 216.

[106] Wsish C, Antibiotics: actions, origins, resistance [J]. Nature Product reports, 2003 (22): 304 - 305.

[107] Pez D L, Vlamaki H, Kolter R, Biofilms [J]. Cold spring habor perspectives in biology, 2019: 1 - 11.

[108] Bhattacharjee M K, Antibiotics that inhibit cell wall synthesis [M]. Chapter: Chemical of antibiotics and related drugs, 2016.

[109] Lin C W, Lin H C, Huang Y W, et al., Inactivation of *mrcA* gene derepresses the basal - level expression of L1and L2 - lactamases in *Stenotrophomonas maltophilia* [J]. Journal of Antimicrobial Chemotherapy, 2011, 66 (9): 2033 - 2037.

[110] Belenky P, Ye J D, Porter C B M, et al., Bactericidal antibiotics induce toxic metabolic perturbations that lead to cellular damage [J]. Cell Reports, 2015, 13 (5): 968 - 980.

[111] Brazas M D, Hancock R E W, Using microarray gene signatures to elucidate mechanisms of antibiotic action and resistance [J]. Drug Discovery Today, 2005, 10 (18): 1245 - 1252.

[112] Dersch P, Khan M A, Mühlen S, et al., Roles of regulatory RNAs for antibiotic resistance in bacteria and their potential value as novel drug targets [J]. Frontiers in Microbiology, 2017, 8: 803.

[113] 石文昊，童梦莎，李恺，等，基于质谱的磷酸化蛋白质组学：富集、检测、鉴定和定量 [J]. 生物化学与生物物理进展，2018，45 (12)：1250 - 1258.

[114] Goto K, Matsubara H, Mochida K, et al., *Alicyclobacillus herbarius* sp. Nov., a novel bacterium containing ω - cycloheptane fatty acids, isolated from herbal tea [J]. International Journal of Systematic and Evolutionary Microbiology, 2002, 52 (1): 109 - 113.

[115] Bai Y G, Wang J S, Zhang ZF, et al., Expression of an extremely acidicbeta - 1,

4-glucanase from thermoacidophilic *Alicyclobacillus* sp. A4 in Pichia pastoris is improved by truncating the gene sequence [J]. Microbial Cell Factories, 2010, 9: 33-41.

[116] Darmon, Elise, Noon, et al., A novel class of heat and secretion stress-responsive genes is controlled by the autoregulated CssRS two-component system of *Bacillus subtilis* [J]. Journal of Bacteriology, 2002, 184 (20): 5661-5671.

[117] 胡小芳，副猪嗜血杆菌 Cpx 双组份系统潜在诱导因子和基因 yccA 功能的初步探究 [D]. 华中农业大学 . 2018.

[118] Errington J, Regulation of endospore formation in *Bacillus subtilis* [J]. Nature Reviews Microbiology, 2003, 1: 117-126.

[119] Fujita M, Evidence that entry into sporulation in *Bacillus subtilis* is governed by a gradual increase in the level and activity of the master regulator *Spo0A* [J]. Genes & Development, 2005, 19 (18): 2236-2244.

[120] Garti-Levi S, Eswara A, Smith Y, et al., Novel modulators controlling entry into sporulation in *Bacillus subtilis* [J]. Journal of Bacteriology, 2013, 195 (7): 1475-1483.

[121] Sullivan L, Bennett G N, Proteome analysis and comparison of *Clostridium acetobutylicum* ATCC 824 and *Spo0A* strain variants [J]. Journal of Industrial Microbiology & Biotechnology, 2006, 33 (4): 298-308.

[122] Vlamakis H, Chai YR, Beauregard P, et al., Sticking together: building a biofilm the *Bacillus subtilis* way [J]. Nature Reviews Microbiology, 2013, 11 (3): 157-168.

[123] Cui S X, Lv X Q, Wu Y K, et al., Engineering a bifunctional Phr60-Rap60-Spo0A quorum-sensing molecular switch for dynamic fine-tuning of menaquinone 7 synthesis in *Bacillus subtilis* [J]. ACS Synthetic Biology, 2019, 8 (8): 1826-1837.

[124] Haggett L, Bhasin A, Srivastava P, et al., A revised model for the control of fatty acid synthesis by master regulator *Spo0A* in *Bacillus subtilis* [J]. Molecular Microbiology, 2018, 108 (4): 424-442.

[125] 赵莉莉，余利岩，以 SecA 蛋白为“动力泵”的细菌 Sec 蛋白转运途径 [J]. 微生物学通报，2008，35 (7)：1119-1123.

[126] 陈舒泽，陈烨，肠道细菌来源细胞外囊泡在炎症性肠病中的作用 [J]. 中华内科杂志，2021，60 (10)：932-936.

[127] Talukdar P K, Olguín-Araneda V, Alnoman M, et al., Updates on the sporula-

tion process in *Clostridium* species [J]. Research in Microbiology，2015，166 (4)：225 - 235.

[128] Alhinai M A，Jones S W，Papoutsakis E T，The Clostridium sporulation programs：diversity and preservation of endospore differentiation [J]. Microbiology & Molecular Biology Reviews，2015，79 (1)：19 - 37.

[129] 李颖，关国华，微生物生理学 [M]. 科学技术出版社，2013.

[130] 黄桂东，钟先锋，李超波，酸胁迫下短乳杆菌 NCL912 蛋白质的差异表达及其作用 [J]. 微生物学报，2011，51 (2)：241 - 248.

[131] Kern R，Malki A，Abdallah J，et al.，*Escherichia coli HdeB* is an acid stress chaperone [J]. Journal of Bacteriology，2011，189 (2)：603 - 610.

[132] Valderas M W，Alcantara R B，Baumgartner J E，et al.，Role of *HdeA* in acid resistance and virulence in *Brucella abortus* 2308 [J]. Veterinary Microbiology，2005，107 (3)：307 - 312.

[133] Zhang S，He D，Yang Y，et al.，Comparative proteomics reveal distinct chaperone - client interactions in supporting bacterial acid resistance [J]. Proceedings of the National Academy of Sciences，2016，113 (39)：10872 - 10877.

[134] 徐王磊，氡影响皮肤组织蛋白质- miRNA 调控网络的机制研究 [D]. 苏州大学，2018.

[135] 王泽祥，弓形虫不同发育期、不同虫株卵囊比较蛋白质组及不同虫株速殖子比较修饰蛋白质组的研究 [D]. 中国农业科学院，2017.

[136] 高坤，朱文秀，曹亚飞，类风湿关节炎和骨关节炎发病及治疗中的外泌体 [J]. 中国组织工程研究，2018，857 (36)：124 - 130.

[137] 王文倩，基于蛋白质组学和代谢组学研究多粘类芽孢杆菌 SC2 - M1 中 NrgA 的功能 [D]. 山东农业大学，2020.

[138] Jones P G，Mitta M，Kim Y，et al.，Cold Shock Induces a Major Ribosomal - Associated Protein that Unwinds Double - Stranded RNA in *Escherichia coli* [J]. Proceedings of the National Academy of Sciences，1996，93 (1)：76 - 80.

[139] 黄桂东，Lactobacillus brevis NCL912 的耐酸特性及其酸胁迫下差异表达蛋白的研究 [D]. 南昌大学，2011.

[140] Zaher H S，Green R，Fidelity at the Molecular Level：Lessons from Protein Synthesis [J]. Cell，2009，136 (4)：746 - 762.

[141] Zaher H S，Green R，Hyperaccurate and Error - Prone Ribosomes Exploit Distinct Mechanisms during tRNA Selection [J]. Molecular Cell，2010，39 (1)：110 - 120.

[142] Grundy F J，Henkin T M，The rpsD gene，encoding ribosomal protein S4，is au-

togenously regulated in *Bacillus subtilis* [J]. Journal of bacteriology, 1991, 173 (15): 4595 - 4602.

[143] Kim Y E, Hipp M S, Bracher A, et al., Molecular chaperone functions in protein folding and proteostasis [J]. Annual Review of Biochemistry, 2013, 323 - 355 (82).

[144] Guo M S, Gross C A, Stress - induced remodeling of the bacterial proteome [J]. Current Biology, 2014, 24 (10): 424 - 434.

[145] Moussatova A, Kandt C, O'Mara M L, et al., ATP - binding cassette transporters in *Escherichia coli* [J]. BBA - Biomembranes, 2008, 1778 (9): 1757 - 1771.

[146] Higgins C F, Linton K J, The ATP switch model for ABC transporters [J]. Nature Structural & Molecular Biology, 2004, 11 (10): 918 - 926.

[147] 文永平，副猪嗜血杆菌 oxyR 基因缺失株构建及 oxyR 基因功能研究 [D]. 四川农业大学，2018.

[148] 乌日娜，益生菌 *Lactobacillus casei* Zhang 蛋白质组学研究 [D]. 内蒙古农业大学，2009.

[149] 倪贺，李海航，黄文芳，核糖核苷酸还原酶研究 [J]. 科技导报，2008，26 (8): 79 - 83.

[150] 李佳，利用噬菌体展示技术制备识别酵母 RNR3 抗体的初步研究 [J]. 中国科学院水生生物研究所，2009.

[151] 卢义钦，嘧啶生物合成研究的开拓者 [J]. 生命科学研究，1998，2 (3): 233 - 234.

[152] 王妹梅，水稻二氢乳清酸脱氢酶基因的克隆与功能初步分析 [D]. 南京农业大学，2006.

[153] Vanderlijn P, Barrio J R, Allosteric activation of aspartate transcarbamylase with a fluorescent nucleotide analogue: linear - benzo - ATP [J]. Journal of Biological Chemistry, 1978, 253 (24): 8694 - 8696.

[154] 陈秋月，采用转录组、蛋白质组和磷酸化蛋白质组方法分析鸡卵泡选择的分子机制 [D]. 山东农业大学，2020.

[155] 李小波，盐胁迫下谷子磷酸化修饰组学分析及 SiRLK35 功能鉴定 [D]. 哈尔滨师范大学，2020.

[156] 陈健舜，单核细胞增多性李斯特菌分子进化与酸应激功能基因组学研究 [D]. 浙江大学，2010.

[157] Kolbeck S, Behr J, Vogel R F, et al., Acid stress response of *Staphylococcus xylosus* elicits changes in the proteome and cellular membrane [J]. Journal of Applied

Microbiology，2019，13 (03)：14-24.

[158] 杨静，王进波，齐莉莉，等，利用蛋白质组学技术研究益生菌酸耐受应答过程中相关蛋白的变化 [J]. 动物营养学报，2014，26 (09)：2499-2502.

[159] 崔岩，变形链球菌延伸因子（EF-Tu）tuf 基因的克隆及序列分析 [D]. 吉林大学，2007.

[160] 刘耀文，柳序，曲湘勇，等，溆浦鹅 ADSL 基因的克隆及其结构与表达分析 [J]. 农业生物技术学报，2019，27 (06)：289-296.

[161] 杨佩珊，张娟，刘为佳，过量表达 *purC* 基因对 *Lactococcus lactis* NZ9000 酸胁迫抗性的影响 [J]. 食品与发酵工业，2019，045 (008)：8-14.

[162] Matsui R，Cvitkovitch D. Acid tolerance mechanisms utilized by *Streptococcus* mutans [J]. Future Microbiology，2010，5 (3)：403-417.

[163] Zhao B，Houry W A，Acid stress response in enteropathogenic gammaproteo bacteria：an aptitude for survival [J]. Biochemistry and cell biology Biochemistry and cell biology，2010，88 (2)：301-314.

[164] Senouci-Rezkallah K，Schmitt P，Jobin M P，Amino acids improve acid tolerance and internal pH maintenance in *Bacillus cereus* ATCC 14579 strain [J]. Food Microbiology，2011，28 (3)：364-372.

[165] Zhang J，Wu C，Du G，et al.，Enhanced acid tolerance in *Lactobacillus casei* by adaptive evolution and compared stress response during acid stress [J]. Biotechnology and Bioprocess Engineering，2012，17 (2)：283-289.

[166] 王凯，姬晓兵，徐欢欢，等，整合过表达嘌呤代谢途径关键酶基因提高酿酒酵母菌株环磷酸腺苷产量 [J]. 食品与发酵工业，2016，42 (08)：25-30.

[167] 计红，杨焕民，吴永魁，热应激蛋白研究进展及其应用前景 [J]. 生物学杂志，2005 (04)：1-3.

[168] Lopez-Garcia P，Forterre P，DNA topology and the thermal stress response，a tale from mesophiles and hyperthermophiles [J]. Bioessays，2000，22 (8)：738-746.

[169] Kruh GD，Belinsky MG，The MRP family of drug efflux pumps [J] Oncogene，2003，22：7537-7552.

[170] 侯兵晓，刘珊娜，王斌斌，等，热休克蛋白调控机制 [J]. 中国生物工程杂志，2016，36 (09)：87-93.

[171] Rossi C C，de Oliveira L L，de Carvalho Rodrigues D，et al.，Expression of the stress-response regulators *CtsR* and *HrcA* in the uropathogen *Staphylococcus saprophyticus* during heat shock [J]. Antonie Van Leeuwenhoek International Jouranl of General and Molecular Microbiology，2017，110：1105-1111.

[172] 张宏鹏，肺炎链球菌热休克蛋白 GrpE 的初步晶体学研究 [D]. 重庆医科大学，2015

[173] 段洪超，张弛，贾桂芳，RNA 修饰的生物学功能 [J]. 生命科学，2018，30 (04)：414-423.

[174] Deng X，Su R，Weng H，et al.，RNA N6-methyladenosine modification in cancers：current status and perspectives [J]. Cell Research，2018，28 (5)：507-517.

[175] 黄占景，大肠杆菌 RecA 蛋白质的生物学活性和生理机能 [J]. 遗传，1995，17：81-84.

[176] Grecz N，Jaw R，McGarry T J，Genetic control of heat resistance and thermotolerance by recA and uvrA in E. coli K12 [J]. Mutation Research，1985，145 (3)：113-118.

[177] Bauermeister A，Hahn C，Rettberg P，et al.，Roles of DNA repair and membrane integrity in heat resistance of *Deinococcus radiodurans* [J]. Archives of Microbiology，2012，194 (11)：959-966.

[178] 陈林，蓝林华，何海栋，等，ClpP 蛋白酶研究进展：从细菌到人线粒体 [J]. 中国细胞生物学学报，2014，36 (06)：717-725.

[179] 于佳，DNA 拓扑结构与 DNA 拓扑异构酶的研究 [D]. 南开大学生命科学学院，2010.

[180] 范玉贞，DNA 分子中的螺旋结构与功能 [J]. 衡水师专学报，2000，2 (3)：57-59.

[181] 蔡莺莺，肺炎链球菌热休克蛋白 DnaJ 相互作用蛋白的筛选及鉴定 [D]. 重庆：重庆医科大学检验医学院，2013.

[182] 郝宏蕾，朱旭芬，曾云中，类异戊二烯的生物合成及调控 [J]. 浙江大学学报（农业与生命科学版），2002，2：108-114.

[183] Zhao Y，Gaob J，Liua S，et al.，Geranylgeranylacetone preconditioning may attenuate heat-induced inflammation and multiorgan dysfunction in rats [J]. Journal of Pharmacy and Pharmacology，2010，62：92-105.

[184] Derré I，Rapoport G，Devine K，et al.，ClpE，a novel type of HSP100 ATPase，is part of the *CtsR* heat shock regulon of *Bacillus subtilis* [J]. Molecular Microbiology，1999，32 (3)：581-593.

[185] Yan W，Cai Y，Zhang Q，et al.，Screening and identification of ClpE interaction proteins in *Streptococcus pneumoniae* by a bacterial two-hybrid system and co-immunoprecipitation [J]. Journal of Microbiology，2013，51 (4)：453-460.

[186] Lara-Ortíz T，Castro-Dorantes J，Ramírez-Santos J，et al.，Role of the DnaK-

ClpB bichaperone system in DNA gyrase reactivation during a severe heat-shock response in *Escherichia coli* [J]. Canadian Journal of Microbiology, 2012, 58 (2): 195-199.

[187] 李琳琼，洪静，张爱静，等，酸胁迫处理对鼠伤寒沙门氏菌抗酸性的影响 [J]. 食品科学，2021，42 (01)：33-40.

[188] Bruijn D, Frans J, Stress and Environmental Regulation of Gene Expression and Adaptation in Bacteria | | Toxin-antitoxin Systems as Regulators of Bacterial Fitness and Virulence [M]. John Wiley & Sons, Inc, 2016.

[189] 冉军舰，雷爽，阮晓莉，基于化合物与蛋白互作分析根皮苷的降糖机制 [J]. 食品工业科技，2019，040 (013)：34-39.

[190] 唐羽，李敏，基于 Cytoscape 的蛋白质网络可视化聚类分析插件 [J]. 生物信息学，2014，12 (1)：38-45.

[191] 薛志强，2 型糖尿病 mRNA、miRNA 及 lncRNA 差异表达谱及相关调控网络探索研究 [D]. 吉林大学，2019.

[192] 刁生富，中心法则与现代生物学的发展 [J]. 自然辩证法研究，2000，(09)：51-55.

[193] Battesti A, Bouveret E. Acyl carrier protein/SpoT interaction, the switch linking SpoT-dependent stress response to fatty acid metabolism [J]. Molecular Microbiology, 2010, 62 (4): 1048-1063.

[194] 杨梅，林思祖，曹光球，邻羟基苯甲酸胁迫对不同杉木无性系叶片核酸和蛋白质合成的影响 [J]. 中国农学通报，2008，024 (011)：160-164.

[195] 郝盼龙，酸应激下乳酸乳球菌部分肽聚糖组装酶调控的初步研究 [D]. 天津大学，2017.

[196] Zeilstra-Ryalls J, Fayet O, Georgopoulos C, The universally conserved GroE (Hsp60) chaperonins [J]. Annu Rev Microbiol, 1991, 45: 301-325.

[197] Lindquist S, Adugyamfi E, Johnson K A, Fraser M E, et al., The heat-shock proteins [J]. Annu RevGenet, 1988, 22: 631-677.

[198] Fc N, Heat shock response. In: Neidhardt F C, Ingraham J L, Low K D, Magasanik B, Schaechter M, Umbarger H E (eds) *Escherichia coli* and *Salmonella typhimurium*, cellular and molecular biology [J]. Washington, DC: American Society for Microbiology, 1987, 13 (12): 1334-1345.

[199] Ellis J. Proteins as molecular chaperones [J]. Nature, 1987, 328: 378-379.

[200] 陈林，蓝林华，何海栋，ClpP 蛋白酶研究进展：从细菌到人线粒体 [J]. 中国细胞生物学学报，2014，6：717-725.

[201] Stepanova E, Lee J, Ozerova M, et al., Analysis of promoter targets for *Escherichia coli* transcription elongation factor *GreA* in vivo and in vitro [J]. Journal of Bacteriology, 2007, 189 (24): 1-1.

[202] 马涧泉，转录终止与基因表达调控 [J]. 医学分子生物学杂志，1991，6：256-261.

[203] 陈辉，张雅娟，生物化学基础 [M]. 高等教育出版社，2005.

[204] Grundy F J, Henkin T M, The *rpsD* gene, encoding ribosomal protein S4, is autogenously regulated in *Bacillus subtilis* [J]. Journal of bacteriology, 1991, 173 (15): 4 95-4602.

[205] 彭嫒嫒，肖星凝，朱龙佼，等，小分子物质与适配体的相互作用规律 [J]. 生物技术通报. 2020，36 (08)：201-209.

[206] 肖川，香豆素和嘌呤核苷类化合物的合成及其生物活性的研究 [D]. 吉林大学，2012.

[207] 王永成，产核黄素枯草芽孢杆菌的代谢工程研究 [D]. 天津大学，2015.

[208] Wool G, Chan Y L, Gliick A, et al., Structure and evolution of mammalian ribosomal proteins [J]. Biochem Cell Biol., 1995, 73: 933-947.

[209] Balandina A, Kamashev D, Rouviere-Yaniv J, The bacterial histone-like protein HU specifically recognizes similar structures in all nucleic acids. DNA, RNA, and their hybrids [J]. J Biol Chem., 2002, 277: 27622-27628.

[210] Auttawit S, Aroonlug L, Rattiyaporn K, et al., Phenotypic characteristics and comparative proteomics of *Staphylococcus aureus* strains with different vancomycin-resistance levels [J]. Diagnostic Microbiology & Infectious Disease, 2016, 86 (4): 9-11

[211] Poise B, Cundliffe E, Garrett R A, The antibiotic micrococcin acts on protein L11at the ribosomal GTPase centre [J]. J. Mol. Biol., 1999, 287: 33-45.

[212] Zhang S, Scott J M, Halden W G, Loss of ribosomal protein L11blocks stress activation of the *Bacillus subtilis* transcription factor sigma B [J]. Journal of Bacteriology, 2001, 183 (7): 2316-2321.

[213] Vanbogelen R A, Neidhardt F C, Ribosomes as sensors of heat and cold shock in *Escherichia coli* [J]. Proc. Natl. Acad. Sci. USA, 1990, 87: 5589-5593.

[214] 朱金鑫，李小方，酵母双杂交技术及其在植物研究中的应用 [J]. 植物生理学通讯，2004，40 (2)：235-240.

[215] Chen G, Wang H, Gai J, et al., Construction and characterization of a full-length cDNA library and identification of genes involved in salinity stress in wild eggplant

(Solanum torvum Swartz) [J]. Horticulture, Environment, and Biotechnology, 2012, 53 (2): 158-166.

[216] Zheng T G, Qiu W M, Fan G E, et al., Construction and characterization of a cDNA library from floral organs and fruitlets of citrus reticulata [J]. Biologia Plantarum, 2011, 55 (3): 431-436.

[217] 王宇秋，李国邦，杨娟，等，稻曲病菌侵染水稻颖花的酵母双杂交 cDNA 文库构建与应用 [J]. 中国农业科学，2016，49 (05)：865-873.

[218] 姜赟，史自航，付欣，等，番茄花柄脱落过程的酵母双杂交 cDNA 文库构建 [J]. 沈阳农业大学学报，2018，49 (02)：129-135.

[219] 陈洪举，张浩，高乐，等，巴西橡胶树地上部地下部均一化酵母双杂交 cDNA 文库构建及评价 [J]. 分子植物育种，2017，15 (02)：468-473.

[220] 薛进，李静，羊健，等，白背飞虱酵母双杂交 cDNA 文库的构建 [J]. 浙江农业学报，2017，29 (12)：2060-2067.

[221] Zheng Y, Tan X, Pyczek J, et al., Generation and characterization of yeast two-hybrid cDNA libraries derived from two distinct mouse pluripotent cell types [J]. Molecular Biotechnology, 2013, 54 (2): 228-237.

[222] Kim, Y. E., Hipp, M. S., Bracher, A., et al., Molecular chaperone functions in protein folding and proteostasis [J]. Annual Review of Biochemistry, 2013, 82: 323-355.

[223] Guo, M. S, Gross, C A, Stress-induced remodeling of the bacterial proteome [J]. Current Biology, 2014, 24 (10): 424-434.

[224] Genevaux P, Georgopoulos C, Kelley W L, The Hsp70 chaperone machines of *Escherichia coli*: a paradigm for the repartition of chaperone functions [J]. Molecular Microbiology, 2007, 66: 840-857

[225] Schulz A, Tzschaschel B, Schumann W, Isolation and analysis of mutants of the dnaK operon of *Bacillus subtilis* [J]. Molecular Microbiology, 1995, 15: 421-429.

[226] Tomoyasu T, Tabata A, Imaki H et al., Role of *Streptococcus* intermedius DnaK chaperone system in stress tolerance and pathogenicity [J]. Cell Stress and Chaperones, 2012, 17: 41-55.

[227] 陈霞，杨振泉，黄玉军，等，乳酸菌环境胁迫应激的分子调控机制研究进展 [J]. 中国乳品工业，2011，39 (1)：34-37.

[228] Feng X, He C, Jiao L, et al., Analysis of differential expression proteins reveals the key pathway in response to heat stress in *Alicyclobacillus acidoterrestris* DSM

3922^T [J]. Food Microbiology，2019，80：77-84.

[229] Filloux A，Bacterial regulatory networks [M]. Horizon Scientific Press，Norfolk，2012.

[230] Goerke B，Stulke J. Carbon catabolite repression in bacteria：many ways to make the most out of nutrients [J]. Nature reviews microbiology，2008，6 (8)：613-624.

[231] Pflüger-Grau K，Gorke B. Regulatory roles of the bacterial nitrogen-related phosphotransferase system [J]. Trends in Microbiology，2010，18 (5)：205-214.

[232] Zhao N，Jiao L X，Xu J N，et al.，Integrated transcriptomic and proteomic analysis reveals the response mechanisms of *Alicyclobacillus acidoterrestris* to heat stress. Food Research International，2022，151：110859.

[233] Daly M J，Gaidamakova E K，Matrosova V Y，et al.，Small molecule antioxidant proteome-shields in *Deinococcus radiodurans* [J]. PLoS One，2010，5 (9)：e12570.

[234] Slade D，Lindner A B，Paul G，et al.，Recombination and replication in DNA repair of heavily irradiated *Deinococcus radiodurans* [J]. Cell，2009，136：1044-1055.

[235] Zahradka K，Slade D，Bailone A，et al.，Reassembly of shattered chromosomes in *Deinococcus radiodurans* [J]. Nature，2006，443 (7111)：569-573.

[236] Zou Y，Crowley D J，Van Houten B，Involvement of molecular chaperonins in nucleotide excision repair. DnaK leads to increased thermal stability of *UvrA*，Catalytic *UvrB* loading，enhanced repair，and increased UV resistance [J]. Biological Chemistry，1998，273：12887-12892.

[237] 李刚，宋亚团，薛艳芬，等，嗜碱 Bacillus sp. N16-5 不同碳源条件下比较蛋白质组分析 [J]. 中国科学，2010，12 (40)：1117-1127.

[238] Yang，Chuanzhen，Zang，et al.，A20/TNFAIP3 regulates the DNA damage response and mediates tumor cell resistance to DNA-damaging therapy [J]. Cancer Research the Official Organ of the American Association for Cancer Research Inc，2018，78 (4)：1069-1082.

图书在版编目（CIP）数据

酸土脂环酸芽孢杆菌嗜酸耐热关键蛋白筛选及互作网络分析 / 焦凌霞著. —北京：中国农业出版社，2022.10
ISBN 978-7-109-29890-3

Ⅰ.①酸…　Ⅱ.①焦…　Ⅲ.①芽孢杆菌属－微生物蛋白－研究　Ⅳ.①Q939.110.5

中国版本图书馆 CIP 数据核字（2022）第 160404 号

酸土脂环酸芽孢杆菌嗜酸耐热关键蛋白筛选及互作网络分析
SUANTU ZHIHUANSUAN YABAO GANJUN SHISUAN NAIRE GUANJIAN DANBAI SHAIXUAN JI HUZUO WANGLUO FENXI

中国农业出版社出版
地址：北京市朝阳区麦子店街 18 号楼
邮编：100125
责任编辑：王玉英
责任校对：吴丽婷
印刷：北京科印技术咨询服务有限公司
版次：2022 年 10 月第 1 版
印次：2022 年 10 月北京第 1 次印刷
发行：新华书店北京发行所
开本：720mm×960mm　1/16
印张：8.75
字数：200 千字
定价：50.00 元
